すぐに使える

After Effects

CC 対応（Win / macOS）

大河原 浩一 著

JN045339

マイナビ

本書のサポートサイト

本書で使用されているサンプルファイルの一部を掲載しております。訂正・補足情報についてもここに掲載していきます。

https://book.mynavi.jp/supportsite/detail/9784839974732.html

はじめに

　本書『すぐに使えるAfter Effects [CC対応]』は、After Effectsを使ってモーショングラフィックスや実写合成にチャレンジしたいという、これからAfter Effectsを使ってみたいという人の最初の一歩として参照してもらえるような本を目指して執筆させていただきました。

　After Effectsは、映像の合成からエフェクト、要素に対するアニメーション、テキストや図形の作成など様々な機能が用意されているので、どこから手を付けたらいいのかわからないかもしれません。そのようなときには、本書のChapter 1からChapter 3を順番に試していけば1〜2日でAfter Effectsがどのようなツールなのか理解できると思います。

　After Effectsの基本はそんなに難しいものではありません。レイヤーの機能とキーフレーム、トラックマット、ペンツール、テキスト、そしてエフェクト。最低限これらの機能が理解できれば使うことが可能でしょう。あとは自分が作りたい映像がどのような要素を組み合わせれば作成できるのかを考えて、エフェクトの内容を調べたり、トラッキングやエクスプレッションなど、だんだんと知識を広めていけばいいのです。

　After Effectsはアイデア次第で様々な映像を作り出すことができるツールです。Chapter 4以降は映像を作り出すアイデアの素のようなテクニックを解説しています。これらを素に自分なりのアイデアを注ぎ込むことで、チュートリアルを超えた、だれも見たことのない映像を作り出すことができるでしょう。

　私が30年近く前に始めてAfterEffectに触れたときは、日本語のチュートリアルもなく、どのようなことができるツールなのか見当も付かない状態でした。しかし、レイヤーの仕組みとマスクの概念、キーフレームの操作を知ったことで道が開けていきました。

　現在は、多くの専門書やチュートリアルビデオ、After Effectsのコミュニティなど様々な学習ソースが存在しています。本書で基本がわかったらぜひ様々なテクニックを学びながら、映像制作のコミュニティを広げていってください。本書がAfter Effectsへの理解の最初の一歩となることを願っています。

　最後となりますが、これまでにない長い執筆期間を支えてくださった編集の伊佐知子氏に感謝いたします。

2023年3月

大河原浩一

Contents

Chapter **3**

After Effectsを使った映像制作の流れ

Contents

Chapter 4　映像にテロップをいれてみよう

Chapter 5

テキストアニメーションを作成しよう

Contents

Chapter 6

素材を合成してみよう

Chapter 7 エフェクトを使ったアニメーション作成

Contents

Chapter 8

3Dレイヤーを使ったアニメーション作成

After Effectsを使うための
知識と準備

この章では、After Effectsでできることの紹介や、
映像制作の作業に入る準備のために必要な基本設定、
映像制作に必要なコンポジションの作成方法について
説明します。

After Effects CC 2023(23.x)でできることを知ろう

After Effectsは、さまざまな映像素材を合成して新たな画像を生成したり、図形やテキスト、エフェクトを使ってアニメーションを作成するなどビジュアルエフェクトを作成するためのソフトウェアです。After Effectsを使った映像制作の解説の前に、新機能を中心にAfter Effectsでできるとことを紹介します。

トラックマットを使った合成機能

　After Effectsでは、色々な手法を使って映像素材同士を合成することができます。選択した特定の色だけを透明化（キーアウト）する「キーイング」の手法や、Photoshopなどのソフトでも採用されている映像の色情報などを演算して合成する「レイヤーモード」、アルファチャンネルや明度情報をマスク（不透明なレイヤーの領域）として使用する「トラックマット」などがあります。特に2023バージョンではこのトラックマットの機能がバージョンアップされ、トラックマットに使用するレイヤーの選択やトラックマットのモードの変更などが前バージョンよりも設定しやすくなっています。

トラックマットに使用するレイヤー

トラックマットで切り抜くレイヤー

トラックマットを使って切り抜いた状態

豊富なエフェクト

　After Effectsには、アニメーション可能なエフェクトが300種近く用意されています。これらのエフェクトはジャンルごとに分類されているので検索しやすくなっています。また、サードパーティ製のエフェクトプラグインも多数販売されています。

テキストレイヤーに「線」エフェクト、「ラフエッジ」エフェクト、「グロー」エフェクトを適用して作成したもの

強化されたアニメーションプリセット

アニメーションの作成に不慣れであってもAfter Effectsには数多くのアニメーションプリセットが用意されているため、自分が作成したいアニメーションにイメージが近いアニメーションプリセットをレイヤーにドラッグ＆ドロップするだけで、簡単にアニメーションを作成することができます。レイヤーに設定したアニメーションはさらに編集してブラッシュアップすることもできます。

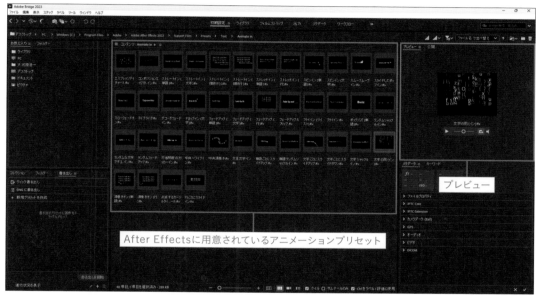

After Effectsに用意されているアニメーションプリセットは、Adobe Bridgeでアニメーションのプレビューを確認しながら利用することができる

映像の修正に役立つペイント機能

［ロトブラシツール］や［コンテンツに応じた塗りつぶし］などを使用すると、映像から特定の領域だけ被写体を切り抜いたり、映像に写り込んでいる不要部分を背景に合わせて消去することもができます。

ロトブラシを使って花の部分だけを切り抜いたもの。複雑な輪郭をもった被写体でも簡単に切り抜ける

豊富な映像出力フォーマット

After Effectsで作成された映像は、さまざまな映像フォーマットで出力することができます。フレームごとに1枚ずつファイルを出力するシーケンス形式から、QuickTimeやAVIといったムービーファイルまで利用するツールやメディアに合わせて出力することが可能です。また、これまでAdobe Media Encoder経由でしか出力できなかったH.264形式も、バージョン2023よりAfter Effectsから直接出力できるようになりました。

After Effectsのレンダーキューの出力モジュール設定ウィンドウ。出力するファイル形式やサイズの変更、クロップ範囲などの設定ができる

After Effectsのインストール要件

Windows

CPU	（最小）IntelまたはAMDのクワッドコアプロセッサー／（推奨）8コア以上のプロセッサー
OS	Microsoft Windows10　64bit 日本語版バージョンV20H2以降
RAM	（最小）16GB／（推奨）32GB以上
GPU（グラフィックスボード）	（最小）2GBのVRAM／（推奨）4GBのVRAM ※NVIDIAのグラフィックスボードを使用している場合、Windows11ではNVIDIAドライバーのバージョンは472.12以降が必要
HDD	（最小）15GBの空き容量のあるハードディスク／（推奨）64GB以上の空き容量（ディスクキャッシュ用容量を含む）
モニター解像度	（最小）1920×1080／（推奨）1920×1080以上
インターネット接続環境	必要

Mac OS

CPU	（最小）IntelまたはAppleシリコン、Rosetta2対応のクワッドコアプロセッサー／（推奨）同8コア以上のプロセッサー
OS	（最小）mac OS Big Sur v11.0以降／（推奨）mac OS Monterey v12.0以降
RAM	（最小）16GB／（推奨）32GB以上
GPU（グラフィックスボード）	（最小）2GBのVRAM／（推奨）4GBのVRAM ※ドラフト3Dを使用する場合、Apple Metal2と互換性のあるディスクリートGPUが必要
HDD	（最小）15GBの空き容量のあるハードディスク／（推奨）64GB以上の空き容量（ディスクキャッシュ用容量を含む）
モニター解像度	（最小）1440×900／（推奨）1440×900以上
インターネット接続環境	必要

After Effectsを起動し、コンポジションを作成する

02

まずはAfter Effectsで作業ができるように、After Effectsを起動して設定を行いましょう。After Effectsではまずプロジェクトを作成し、コンポジションを作成することから始めます。

起動してプロジェクトを作成する

1 After Effectsを起動する

スタートメニューからAfter Effects 2023を選択するか、デスクトップにあるAfter Effects2023のアイコンをクリックしてAfter Effectsを起動します。

2 新規プロジェクトを作成する

After Effectsが起動すると、まずホーム画面が表示されます。ホーム画面には新しくプロジェクトを始めるボタンや、保存されているプロジェクトを開くボタンが用意されています。
[最近使用したもの]には前回起動時以前に開いたプロジェクトが一覧になっています。
ここでは、新しくプロジェクトを作って映像制作を始めたいので、[新規プロジェクト]をクリックします。

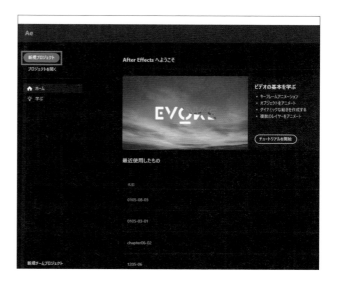

3　プロジェクトを保存する

［新規プロジェクト］をクリックすると、After Effectsに名称未設定のプロジェクトが作成されるので（❶）、まずはプロジェクトに名前を付けて保存します。
保存するには、［ファイル］メニューの［別名で保存］から［別名で保存...］を選択します（❷）。
［別名で保存］のウィンドウが表示されるので、保存する場所を設定してプロジェクトの名前を入力し、［保存］ボタンをクリックして保存します（❸）。

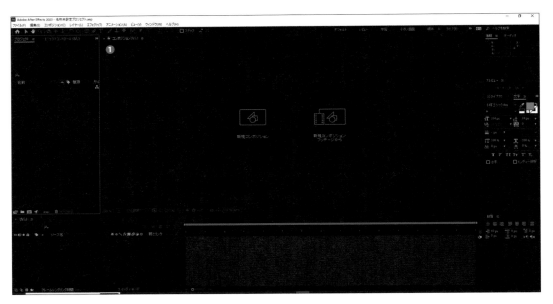

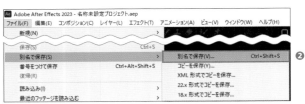

コンポジションを作成する

1 新規コンポジションを作成する

After Effectsで、素材をレイアウトした
り映像の加工を行うには「コンポジション」
を使用します。

コンポジションは書類やキャンバスのよう
なものです。

コンポジションを作成するには、画面に表
示されている「新規コンポジション」のアイ
コンをクリック（❶）するか、[コンポジ
ション] メニューから [新規コンポジショ
ン...]（❷）を選択します。

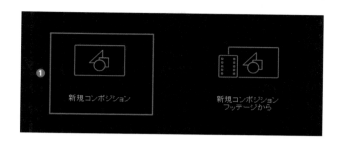

2 コンポジションを設定する

[新規コンポジション] を選択すると、[コ
ンポジション設定] のウィンドウが表示さ
れるので設定をしていきます。

[コンポジション名] には、コンポジション
の名前を入力し、映像の解像度（縦横の
長さ）は、プリセットから選択するか、[幅]
[高さ] に値を入力します。ここではプリ
セットから「HD・1920×1080・29.97
fps」を選択しました。

作成する映像の再生時間は [デュレーショ
ン] で設定します。ここでは3秒（0:00:
03:00)に設定しました。

[背景色] ではコンポジションの背景とな
る色を設定することができます。設定がで
きたら [OK] をクリックしてコンポジショ
ンを作成します。

デュレーションについて

デュレーションはタイムコードとフレーム数で設定することがで
きます。タイムコード表示は時間：分：秒：フレームで表示され
ます。表示を切り替えるには [ファイル→プロジェクト設定] の
[時間の表示形式] で切り替えます。

03 インターフェイスを理解する

コンポジションが作成できたところで、After Effectsがどのようなインターフェイスで構成されているのか理解しましょう。After Effectsは、作業の役割に応じたさまざまなパネルが組み合わさってできています。各パネルの役割を理解すれば作業を迷わず進めることができるでしょう。

After Effectsを構成するパネル

After Effectsはさまざまな機能がパネルごとにまとめられています。ここでは主なパネルについて解説します。

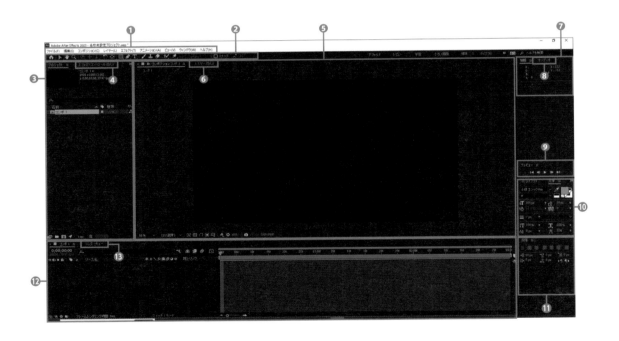

❶メインメニュー

After Effectsを操作するためのコマンドが分類されて用意されています。プロジェクトを開いたり保存したりなど、多くの操作はこのメインメニューから行うことができます。

❷ツールバー

ホーム画面の表示や、選択、パン、ズームといったコンポジションを操作するツールや、[ペンツール] や [テキストツール] など作業でよく使用されるツールがアイコンで用意されています。

❸ [プロジェクト] パネル

プロジェクトに読み込まれているフッテージ（素材のファイルやコンポジット）が表示されます。フッテージの複製やフォルダ分けなど管理を行うことができます。

❹ [エフェクトコントロール] パネル

レイヤーに適用されているエフェクトの設定が表示されるので編集を行うことができます。表示するには［ウィンドウ］メニュー→［エフェクトコントロール］を選択します。

❺ [コンポジション] パネル

フッテージを配置して映像を組み立てるパネルです。映像の編集結果が表示されます。

❻ [レイヤー] パネル／ [フッテージ] パネル

［レイヤー］パネルは、タイムラインにレイヤーとして配置されたフッテージを表示して加工します。表示するには［ウィンドウ］メニュー→［レイヤー］を選択します。［フッテージ］パネルは、プロジェクトパネルに読み込まれているフッテージをダブルクリックで表示します。表示するには［ウィンドウ］メニュー→［フッテージ］を選択します。

❼ [情報] パネル

［コンポジション］パネル上のマウス下にある色の情報や、マウスの位置情報を表示します。

❽ [オーディオ] パネル

音声フッテージを使用している際の音量レベルが表示されます。

❾ [プレビュー] パネル

［コンポジション］パネルに表示されている映像を再生します。

❿ [文字] パネル

テキストレイヤーに入力した文字の書体や大きさ、文字間の調整などを行います。

⓫ [段落] パネル

テキストレイヤーに作成したテキストが複数行で構成されている場合の、行間の幅や行揃えなどを編集します。

⓬ [タイムライン] パネル

［コンポジション］パネルと並んでAfter Effectsでの映像制作を行うときに一番使用されるパネルです。フッテージをレイヤーとして並べて、時間軸に応じたエフェクトの変化や、フッテージの位置の変化など、アニメーションに関わる編集を行います。

⓭ [レンダーキュー] パネル

作成されたコンポジションを映像として出力するには、レンダリングという処理が必要になります。レンダリングを行うときには、レンダーキューにレンダリングするコンポジションを登録してレンダリングを行います。表示するには［ウィンドウ］メニュー→［レンダーキュー］を選択します。

コラム | パネルの操作とワークスペースについて

各種パネルが閉じてしまったときは、[ウィンドウ] メニューからパネルの名前を選ぶと開くことができます。

また、[コンポジション] パネルや [レイヤー] パネルなど同じ位置に開くパネルは、上部のタブ部分をクリックして表示を切り替えます。パネルはタブ左端の「×」をクリックすることで閉じることができます。

また、パネル同士の境目をドラッグすることで、パネルの領域を広げることもできます。

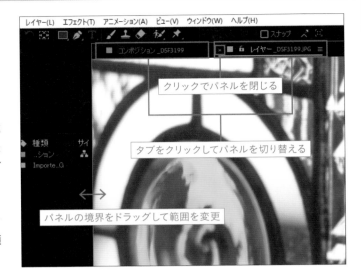

「ワークスペース」には、パネルの位置などを保存したセットが登録されています。

初期設定では「標準」が選ばれていますが、目的によりワークスペースを切り替えると効率的です（P.082を参照）。ワークスペースを初期設定の「標準」に戻したい場合は、[ウィンドウ] メニューで [ワークスペース→標準] を選んでから、[ワークスペース→標準を保存されたレイアウトにリセット] を選びます。

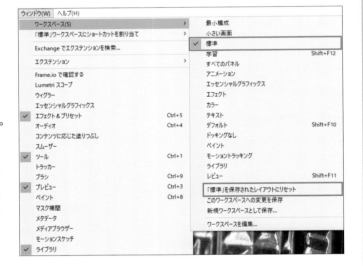

環境設定を行う

04

After Effectsのインターフェイスを理解したところで、作業を効率良くアップさせるために、環境設定を行います。作業に合わせた適切な設定ができていないと無駄に作業効率が下がってしまうことがあるので注意しましょう。

[一般設定] を行う

1 環境設定を開く

まずは、[一般設定] から設定していきます。[一般設定] を設定するには、[編集]（[After Effects]）メニューから [一般設定...] を選択します。

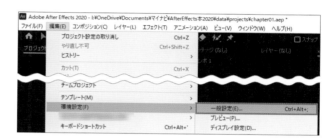

2 [一般設定] を設定する

[一般設定] では、ツールヒントの表示やインターフェイス操作の仕様を設定することができます。After Effectsの操作に慣れないうちは、初期設定のままでもよいですが、慣れてきたら邪魔な設定はオフにしましょう。

例えば [ツールヒントの表示] は、ツールのアイコンにマウスカーソルを重ねると、ツールの解説が表示される機能ですが、慣れてくると意外と邪魔になります。そのようなときには [ツールヒントの表示] はオフにするとよいでしょう（❶）。

また、パスを使った作業（Chapter 3参照）では、モニターの解像度によっては、パスポイントやハンドルのサイズが大きすぎて作業しにくい場合があるので、そのようなときは [パスポイントとハンドルサイズ] の大きさを調整して、作業しやすいようにします（❷）。

［プレビュー］の設定を行う

1 ［プレビュー］の設定を開く

次にプレビューに関する設定を
行います。プレビューの設定を
するには、［編集］メニューの
［環境設定］から［プレビュー］
を選択するか、［環境設定］の
ウィンドウで［プレビュー］をク
リックして表示を切り替えます。

2 ［高速プレビュー］の設定

［高速プレビュー］の「適応解
像度の制限」は設定されたFPS
（1秒間に再生されるフレーム
数）でプレビューできないときに
どこまで解像度を下げるのかを
設定します。値が小さくなると解
像度も下がり再生パフォーマン
スが良くなります。

3 ［ビューアの画質］の設定

［ビューアの画質］はコンポジ
ションもしくは［レイヤー］パネ
ルで映像をズームしたときの補
正品質を設定します。「速度を
優先」、「キャッシュされたプレ
ビュー時以外、精度を優先」、
「精度を優先」の順に品質が良
くなりますが、処理に負担がか
かります。

4 [コンポジションの スイッチ]の設定

[フレームブレンドおよび…自動
で有効化]はデフォルトでオン
になってしまっているので、必要
ない場合はここでオフにします。

[メディア&ディスクキャッシュ]の設定を行う

1 [ディスクキャッシュ]の設定

[環境設定]の[メディア&ディ
スクキャッシュ]をクリックして
表示を切り替え、キャッシュの
設定をします。
エフェクトや合成処理の結果を
一時的にハードディスクなどに
保存して読み出すことをディスク
キャッシュといいます。ディスク

キャッシュを利用すると、再生の度に計算処理を行わないでよいので、高速にプレビューするこ
とができるようになります。[ディスクキャッシュを有効にする]を必ずオンにしておきます。

2 フォルダを設定する

ディスクキャッシュを保存する場
所は[フォルダーを選択]をク
リックします。
クリックすると、フォルダを選択
するウィンドウが表示されるので、
なるべくデータ転送スピードが
速いハードディスクもしくは
SSDに空のフォルダを作成して
選択します。
ディスクキャッシュの容量は[最
大ディスクキャッシュサイズ]の
数字の部分をクリックして設定
することができます。

3 ［最適化されたメディアキャッシュ］の設定

メディアキャッシュは、読み込ん
だビデオ素材などを素早くプレ
ビューするために作成される
キャッシュです。［データベース］
と［キャッシュ］の項目にある
［フォルダーを選択］をクリック
することで、それぞれ保存する
場所を変えることができます。

4 キャッシュの消去

ディスクキャッシュもメディアキャッシュも、保存先のメディアが一杯になってしまったり、キャッ
シュが不要になった場合は消去することもできます。

キャッシュを消去するには、ディ
スクキャッシュであれば［ディス
クキャッシュを空にする］をク
リック、メディアキャッシュであ
れば［データベースとキャッシュ
をクリーン］をクリックします。

［アピアランス］の設定を行う

1 インターフェイスの明るさを変更する

After Effectsのインターフェイスの色はダークに設定されているので、モニターの設定や人に
よっては、作業しにくい場合があります。
そのようなときには環境設定の［アピアランス］の項目で設定することができます。

画面の明るさを変更したい場合
は［明るさ］のスライダーを操
作します。「暗く」の方向に動か
せば暗くなり、「明るく」の方向
に動かすと明るくなっていきます。

2 ハイライトのカラーを変更する

アクティブになっているパネルを示すラインや、コンポジット名やタイムコードの明るさも調整することができます。調整するには［アピアランス］の［ハイライトのカラー］にある項目を編集します。

［インタラクティブな制御］はハイライトされた文字の明るさ、［焦点インジケーター］はアクティブになったパネルのラインの明るさを調整します。サンプルの状態を見ながら設定するとよいでしょう。

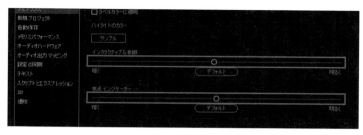

［自動保存］の設定を行う

1 ［自動保存］の設定

After Effectsには、保存コマンドを実行しなくても自動的に保存される機能があります。自動保存をオンにしておくと予期せずにAfter Effectsがフリーズしたり終了してしまった際にも、フリーズする直前の状態を保存することできます。

自動保存をオンにするには、［保存の間隔］にチェックを入れます。保存されるタイミングは［保存の間隔］にある［分］の数値を編集します。

また、［レンダーキューの開始時に保存］にチェックを入れると、レンダリング前に必ずプロジェクトが保存されるようになります。

自動保存では、ファイルを上書き保存するのではなく、古いバージョンも［プロジェクトバージョンの最大数］で設定した回数分だけ残すことができます。自動保存されるプロジェクトの保存先も自由に設定することができます。

保存先を設定するには、［自動保存の場所］で設定します。プロジェクトを保存した場所と同じに保存したいのであれば、［プロジェクトの横］にチェックを入れます。保存先を自分で設定したいのであれば、［ユーザー定義の場所］にチェックを入れます。チェックを入れると［フォルダーを選択］のボタンが使えるようになるので、クリックして、保存先にしたいフォルダを選択します。

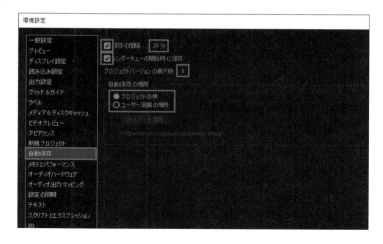

［メモリとパフォーマンス］の設定を行う

1 メモリの設定

After Effectsは搭載されているメモリ（RAM）のうち、After Effectsが作業で使用するメモリの容量の限度をあらかじめ決めておくことができます。使用するメモリの容量を決めておくことで、同時に使用するアプリのメモリ容量が足りなくて処理が遅くなるような不具合を回避することができます。

メモリの設定は、［環境設定］の［メモリとパフォーマンス］で設定します。

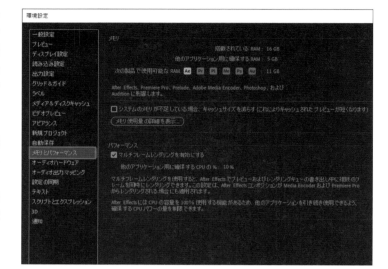

2 使用可能なメモリの設定

［メモリ］のページが表示されたら、パソコンにインストールされているAdobe Creative Cloud製品に対して割り当てるメモリの容量を設定します。設定するには、［他のアプリケーション用に確保する］のメモリ容量を設定します。

すると、自動的に［搭載されているRAM］に表示されているRAMの容量から［他のアプリケーション用に確保する］で設定したRAM容量を差し引いた容量がAfter EffectsをはじめとするAdobe Creative Cloud製品にあてがわれます。

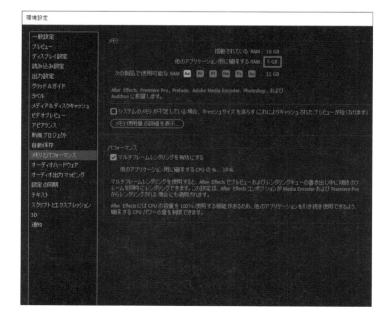

2

素材の読み込み

この章では、After Effectsでの映像制作に必要な画像や動画ファイルの読み込み方について解説します。After Effectsでは、写真のような静止画から、撮影された動画ファイル、3DCGツールなどで制作されたアニメーションなど、さまざまな種類の素材を使って映像制作を行うことができます。

01 フッテージを読み込む

After Effectsで映像の合成、加工、アニメーションを作成するには、映像の素材となるファイルをAfter Effectsに読み込む必要があります。After Effectsでは使用する素材のことを「フッテージ」といいます。

読み込めるフッテージの種類

まずは、After Effectsを使った映像制作で利用できるフッテージの種類について知っておきましょう。After Effectsでは、映像制作に使用するムービーファイルや画像ファイルをフッテージと呼んでいます。

After Effectsのフッテージとして利用できるフッテージは、大きく分けて「静止画ファイル」、「シーケンスファイル」、「ムービーファイル」の3つがあります。またその他にもAdobe Premiere Proのプロジェクトファイルなど、他の映像との連携を図るためのファイルもフッテージとして利用することができるようになっています。

読み込めるファイル形式の種類は、[ファイル]メニューの[読み込み]から[ファイル...]を選択し（❶）、表示された「ファイルの読み込み」ウィンドウにある[すべての使用可能なファイル]をクリックすると、利用できるファイル形式の拡張子が表示されます（❷）。

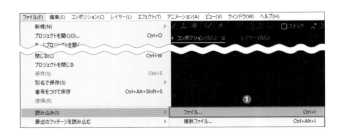

❶ 静止画ファイル

After Effectsでは、写真やペイントアプリで描いたビットマップなど、さまざまなファイル形式の画像をフッテージとして使用することができます。psdファイル（Adobe Photoshop）、aiファイル（Adobe Illustrator）、targaファイル、Tiffファイル、PNGファイルなどがよく使用されます。色深度は8bpsから32bpsまで、アルファチャンネルも利用できます。また3DCGアプリから出力されるopenEXRファイルを使えば、奥行き情報や、デフューズやスペキュラなどマテリアル（質感）のさまざまな画像のパス情報を利用することができます。

❷ シーケンスファイル

シーケンスファイルは、動画を1フレームずつ、ファイル名に連続する番号がついたファイルとして出力されたものです。主に3DCGアプリからの出力によく使用されます。ムービーファイルよりも1つのファイルに含めることができるチャンネルや情報が多くなるので、合成作業などには向いています。PNGやTiff、openEXRなどさまざまな静止画ファイルがシーケンスファイルとして使用することができます。

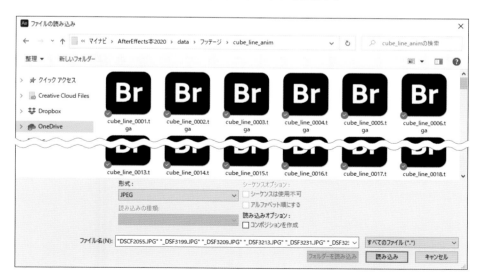

❸ムービーファイル

　ムービーファイルは、動画を構成する複数のフレームが1つのファイルにまとめられたものです。ビデオカメラで撮影された映像などはムービーファイルでやりとりすることが多いです。ムービーファイルの形式には、QuickTimeやAVI、H.264などがあります。QuickTimeやAVIにはコーデック（P.092参照）と呼ばれる圧縮方式が複数用意されているので、ムービーファイルを使用する目的に合わせて設定します。

❹その他のファイル

　After Effectsにはその他にもフッテージとして使用できるファイルがあります。例えばAutodesk MayaのmaファイルやCinema 4DのC4Dファイルといった3DCGに関連する情報も読み込むことができたり、Adobe Premiere Proのプロジェクトデータをフッテージとして利用することもできます。

静止画ファイルを読み込む

1 読み込みメニューを開く

まずは静止画ファイルを読み込んでみます。ファイルを読み込むには、[ファイル]メニューの[読み込み]から[ファイル...]を選択します。

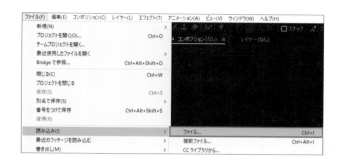

2 読み込むファイルを選択する

[ファイルの読み込み]ウィンドウが開くので、フッテージとして読み込みたいファイルを選択して（❶）、[読み込み]（[開く]）をクリックします（❷）。

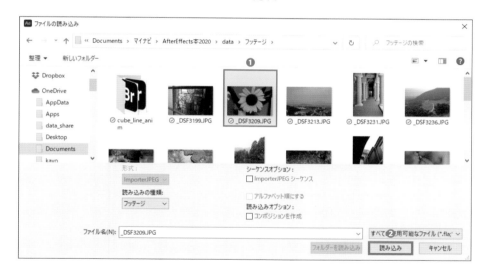

3 [プロジェクト]パネルに ファイルが読み込まれた

選択したファイルがフッテージとして[プロジェクト]パネルに登録されます。登録されたフッテージは、もとのファイルを参照しているだけなので、フッテージとして読み込んでいるファイルの内容やファイル名を変更してしまうと再読込が必要になるので注意します。

シーケンスファイルを読み込む

1 読み込み設定を開く

連番のついたファイルを読み込むには、まず読み込むシーケンスファイルのFPSを設定しておく必要があります。設定するには、[編集]([After Effects])メニューの[環境設定]から[読み込み設定...]を選択します。

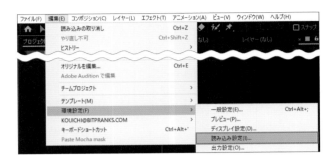

2 読み込み設定を行う

[環境設定]のウィンドウで[読み込み設定]が表示されるので、[シーケンスフッテージ]の項目で「フレーム/秒」の値を変更します。YouTubeや放送などのビデオ用のフッテージとして使用するなら「30」、映画やアニメ用のフッテージとして使用する

ならば「24」と設定します。自分が作成する映像のフォーマットに合わせて数値を設定します。

3 連番の付いたファイルを選択する

シーケンスファイルを読み込むには、静止画の読み込みと同様に、[ファイル]メニューの[読み込み]から[ファイル...]を選択します。[ファイルの読み込み]ウィンドウが開いたら、連番のついたファイルを1つだけ選択し、表示された[シーケンスオプション]から[Targaシーケンス]の項目をクリックしてチェックを入れて[読み込み]([開く])をクリックします。

4 連番ファイルが1つのフッテージとして読み込まれた

[フッテージを変換] ウィンドウが表示されたら、目的にあった項目を選択して [OK] を押します（**❶**）。この設定については後ほど説明します。

[プロジェクト] パネルに選択した連番のファイルが1つのシーケンスファイルとして読み込まれます。読み込んだシーケンスファイルを選択してプレビューに表示される情報を見ると、設定したFPS（**❷**）で読み込まれていることがわかります。

ムービーファイルを読み込む

1 読み込みメニューから読み込む

ムービーファイルの読み込みは、静止画ファイルの読み込みと同じです。[ファイル] メニューの [読み込み] から [ファイル...] を選択すると、[ファイルの読み込み] ウィンドウが表示されるので、フッテージとして読み込みたいムービーファイルを選択して、[読み込み]（[開く]）をクリックしてムービーファイルを読み込みます。

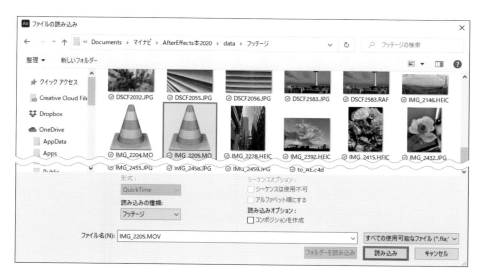

複数ファイルを読み込む

1 [複数ファイル] メニューを使用する

フッテージとして読み込むファイルが、複数ある場合は [ファイル] メニューの [読み込み] から [複数ファイル...] を選択します。[ファイル...] を選択したときでも、[Shift] キーや [Ctrl] キーを押しながらファイルを選択すると複数ファイルを選択することができますが、[複数ファイル...] では、フォルダをまたいでファイルを選択することができます。

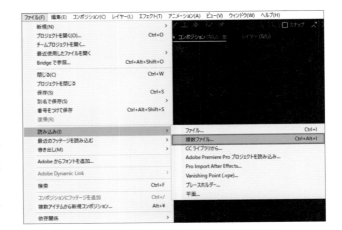

2 読み込むファイルを選択する

[複数ファイル] を選択すると、[ファイルの読み込み] ウィンドウが開くので、ファイルを選択して（❶）[読み込み]（[開く]）（❷）をクリックします。すると、再び [ファイルの読み込み] ウィンドウが表示されるので、必要なファイルをすべて読み込むまで繰り返します。読み込みを終わらせたいときには、ウィンドウの右下にある [終了]（❸）をクリックします。

アルファチャンネル付きのファイルの読み込み

Targaファイルなど、透明情報のチャンネルであるアルファチャンネル付きのファイルをフッテージとして読み込むと、[フッテージを変換]ウィンドウが表示され、アルファチャンネルをどのような形式で読み込むかを設定することができます。設定は以下の3つが用意されています。

▶[無視]

アルファチャンネルを使用しません。

▶[ストレート-マットなし]

透明情報がアルファチャンネルだけで設定されます。アルファチャンネルで境界付近がボケていても、RGBチャンネルでははっきりとした輪郭になります。

> **チャンネルについて**
>
> RGBチャンネルは赤・緑・青の色情報を持つチャンネルで、アルファチャンネルは透明度の情報を持つチャンネルです。

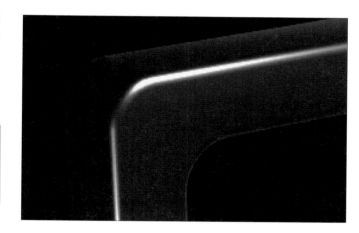

▶[合成チャンネル-カラーマット]

透明情報がアルファチャンネルと設定したカラーマットの色で設定されます。アルファチャンネルの輪郭のボケている部分もRGBチャンネルの表示に影響を与えるので、輪郭が背景と馴染みやすくなる分、背景色が輪郭に出てしまう場合があります。そのような場合は背景色を合成時に目立たない色に変更するか、[ストレート-マットなし]に変換します。

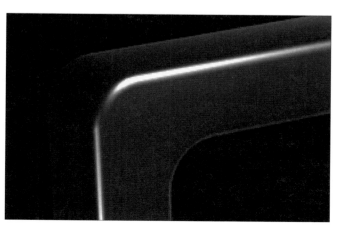

02 読み込んだファイルの変更

After Effectsにフッテージとして読み込んだファイルは、後からでも新しいファイルに差し替えたり、シーケンスファイルであれば設定されたFPSを変更したりすることもできます。

差し替えたいファイルを読み込む

1 差し替えたいフッテージを選択する

一度読み込んだファイルを新しい内容に差し替えたい場合は、まずは［プロジェクト］パネルで、新しいファイルに差し替えたいフッテージを選択します。

2 ［フッテージの置き換え］を実行

フッテージを選択したら、［ファイル］メニューから［フッテージの置き換え］から［ファイル...］を選択するか、選択したフッテージの上で右クリックして、表示されるメニューから［フッテージの置き換え］の［ファイル...］を選択します。

3 差し替えるファイルを選択

［フッテージファイルを置き換え］ウィンドウが表示されるので、新しく使用したいファイルを選択して［読み込み］（［開く］）をクリックします。

4 フッテージが置き換わった

［プロジェクト］パネルで選択したフッテージが選択した新しいファイルと置き換わりました。もし、フッテージをコンポジションで使用している場合は、**レイヤー**として［タイムライン］パネルに配置されているフッテージの内容も置き換わります。

フッテージを変換する

1 変換したいフッテージを選択する

読み込んだフッテージのFPSやアルファチャンネルの状態はフッテージを変換することで変更することができます。変換したいフッテージを選択します。ここでは3DCGツールでレンダリングされたシーケンスフッテージを選択しました。

2 フッテージを変換する

フッテージを選択したら、[ファイル]メニューの[フッテージを変換]から[メイン…]を選択します。もしくは選択したフッテージ上で右クリックして、表示されたメニューの[フッテージを変換]から[メイン…]を選択します。
フッテージの変換は、[プロジェクト]パネルの左下にある[フッテージを変換]のアイコンをクリックしても実行できます。

3 フッテージの設定を編集する

[フッテージを変換]ウィンドウが開くので、このウィンドウで必要な設定を行っていきます。

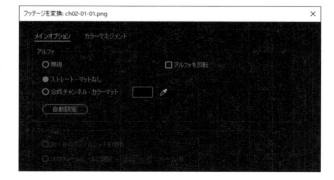

アルファの設定を編集する

アルファチャンネルのあるファイルでは、フッテージとして読み込んだ際のアルファチャンネルの
処理について再編集することができます。
アルファチャンネルの再設定は、[フッテージを変換]ウィンドウの[メインオプション]タブに
ある[アルファ]の設定で行います。
[アルファ]の設定では、アルファチャンネルのあるファイルを読み込んだ際に表示される[フッ
テージを変換]ウィンドウの設定項目を再設定することができます。例えばアルファチャンネル
を使用せず背景を不透明にしたい場合は「無視」を選択します。

5 フレームレートを変更する

プロジェクトにフッテージとして読み込んだムービーファイルやシーケンスファイルのフレーム
レートも変更することができます。
フレームレートを変更するには、[フレームレート]の項目にある[予測フレームレート]の値
を変換したいフレームレートに設定することで簡単に変換することができます。
例えば、30ファイルを使って構成されている30fpsに設定されたシーケンスは、1秒の長さの
シーケンスファイルとなりますが、24fpsに変換すると1秒6フレームの長さのシーケンスファイ
ルとなります。

フッテージの代用を作成する

1 プレースホルダーを作成する

フッテージの準備が間に合わないようなときは、プレースホルダーを作成して代用します。プレースホルダーは、解像度とデュレーションを設定することができるので、本番で使用するフッテージと同じ設定にしておきます。
プレースホルダーを設定するには、[ファイル] メニューの [読み込み] から [プレースホルダー...] を選択します。

2 プレースホルダーを設定する

作成するプレースホルダーを設定するウィンドウが表示されるので、[名前] にプレースホルダーの名前を入力し、[サイズ] で解像度、[時間] の [フレームレート] で fps、[デュレーション] に再生される長さを入力します。

3 プレースホルダーが作成された

[新規プレースホルダー] ウィンドウの [OK] をクリックすると、[プロジェクト] パネルにプレースホルダーが作成されます。

既存のフッテージをプレースホルダーに変換する

1 既存のフッテージを選択

プレースホルダーは、[プロジェクト]パネルに読み込まれているフッテージを元にして作成することもできます。フッテージをプレースホルダーに変換するには、[プロジェクト]パネルで変換したいフッテージを選択します。

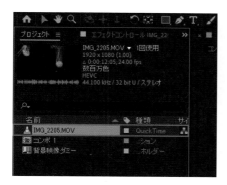
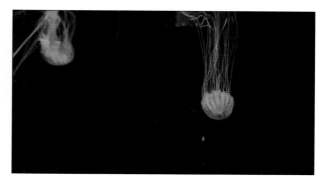

2 [フッテージの置き換え]から [プレースホルダー]を選択

プレースホルダーに変換したいフッテージを選択したら、右クリックして表示されるメニューの[フッテージの置き換え]から[プレースホルダー...]を選択します。

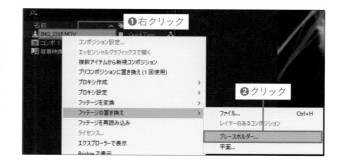

3 新規プレースホルダーの設定を行う

[新規プレースホルダー]の設定ウィンドウが表示されるので、[名前]には選択したフッテージの名前が入力されていますが、プレースホルダーだと分かりやすいように変えておきます。サイズや時間に関しては、選択したフッテージの情報が引き継がれているので、このままにして[OK]ボタンをクリックします。

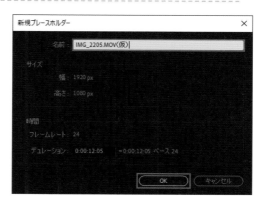

4 フッテージがプレースホルダーに差し替わった

[新規プレースホルダー]のOKボタンをクリックすると、選択されていたフッテージがプレースホルダーに変換されました。本番用のフッテージが用意できたら、「フッテージの置き換え」で「ファイル」を選択して差し替えます。

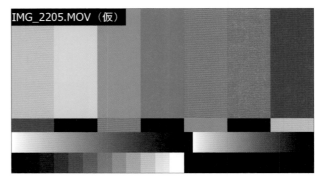

コラム | フッテージを削除するには？

　[プロジェクト]パネルに読み込んだフッテージを削除するには、フッテージを選択して[Delete]キーを押します。または、フッテージを選択して、[プロジェクト]パネル下部のゴミ箱アイコンをクリックします。

　そのフッテージが[タイムライン]パネルに配置されている場合は、[タイムライン]パネル上のフッテージも削除されます。

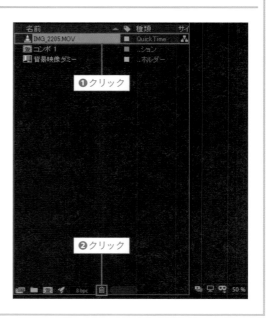

After Effectsを使った
映像制作の流れ

この章では、After Effectsを使った映像制作の流れ
を主な機能を追いながら、素材の編集やレイアウト、
合成、エフェクト、映像のファイルへの出力までを簡単
に解説します。

01 フッテージをタイムラインに配置する

[プロジェクト] パネルにフッテージが読み込めたところで、読み込んだフッテージをレイヤーとしてコンポジションに配置する方法を解説します。

フッテージの準備をする

1 フッテージを読み込む

After Effectsで映像を作成するには、プロジェクトに読み込んだフッテージを[タイムライン] パネルで編集し、[コンポジション] パネルで編集結果を確認しながら作成していきます。

まずは新規プロジェクトを作成し、フッテージを読み込みましょう。[ファイル] メニューの [読み込み] から [ファイル] を選択します。

ここではIMG_2205.MOVを読み込みました。

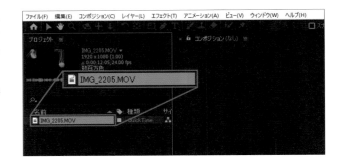

2 コンポジションを作成する

次に、[コンポジション] メニューから [新規コンポジション] を選んで、新しいコンポジションを作成します。

ここではプリセットで [HD・1920×1080・29.97 fps] を選び、[デュレーション] を5秒、[背景色] をブラックに設定しています。

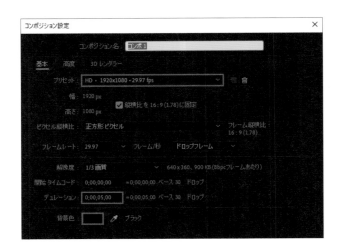

フッテージをタイムラインに配置する

1 コンポジションで使用する フッテージを選択する

[プロジェクト]パネルで、コンポジ
ションで使用したいフッテージを選択
して、[タイムライン]パネルにドラッ
グ&ドロップします。

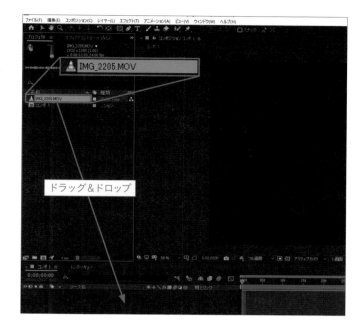

2 コンポジションに フッテージが表示された

タイムラインにフッテージをドラッグ&
ドロップすると、タイムラインのレイ
ヤーとして配置されるのと同時に、[コ
ンポジション]パネルにもフッテージ
が表示されます。

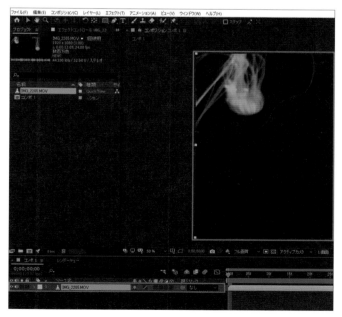

レイヤーを削除するには？

[タイムライン]パネルのレイヤーを
削除するには、レイヤーを選択して
[Delete]キーを押します。

[コンポジション]パネルを閉じてしまったら？

もし[コンポジション]パネルを閉じてしまったら、[ウィンドウ]メ
ニューから[コンポジション]を選ぶか、[プロジェクト]パネルでコン
ポジションのフッテージをダブルクリックして開きます。

3 フッテージを重ねる

新たにフッテージをプロジェクトに読み込んで、読み込まれたフッテージを［タイムライン］パネルにドラッグ＆ドロップすると、フッテージを重ねていくことができます。デフォルトではタイムラインに重ねられているレイヤーと同じ順番で、コンポジットでもフッテージが重なっています。

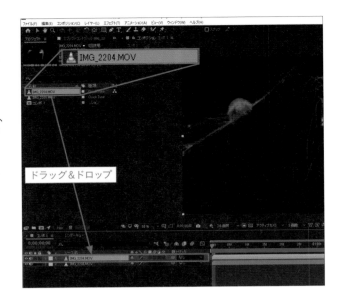

コンポジットを再生する

▶ ［プレビュー］パネルを使って再生する

フッテージを配置したコンポジションの映像を再生して確認するには、［プレビュー］パネルを使用します。［プレビュー］パネルには、左から［最初のフレーム］、［前のフレーム］、［再生］、［次のフレーム］、［最後のフレーム］のアイコンが並んでいます。［タイムライン］パネルもしくは［コンポジション］パネルを選択して、［再生］をクリックします。［再生］アイコンが［停止］のアイコンに変化するので、再生を止めるときには、この［停止］をクリックします。初めてプレビューするときには時間がかかることもあります。

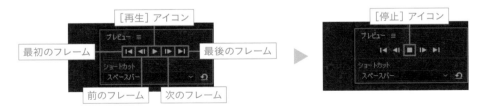

▶ 時間インジケータを操作する

［タイムライン］パネルの時間インジケータをドラッグすると、ドラッグする速度に合わせてコンポジションの映像を再生することができます。

［コンポジット］パネルの表示を変更する

▶ 表示の拡大・縮小

　［コンポジット］パネルの表示を拡大・縮小するには、［コンポジット］パネル左下の［拡大率］を変更します。

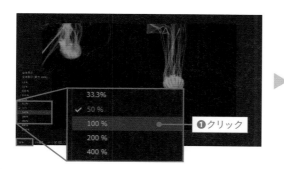

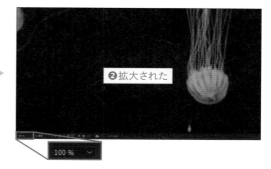

　または、［ズームツール］で［コンポジット］パネル上をクリックすることでも、表示を拡大することができます。［Alt］キーを押しながらクリックすると、表示を縮小できます。

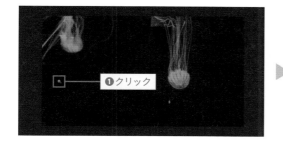

▶ 表示位置の移動

　［コンポジット］パネルで表示されている位置を変更するには、［手のひらツール］🖐で［コンポジット］パネル上をドラッグします。なお、他のツールを選んでいるときに［スペース］キーを押すと、ツールが一時的に［手のひらツール］に変わります。

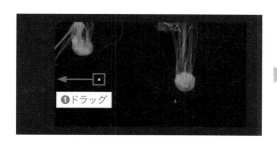

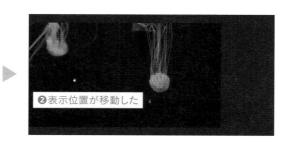

レイヤーの移動・拡大縮小・回転をツールで行う

▶ レイヤーの移動

　[タイムライン] パネルに配置され、[コンポジション] パネルに表示されているレイヤーは、[コンポジション] パネル上で移動させることができます。

　[選択ツール] ▶ を選択して、レイヤー上でドラッグすると、位置を変更できます。

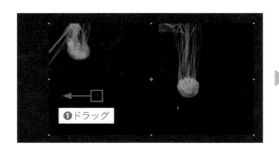

❶ドラッグ

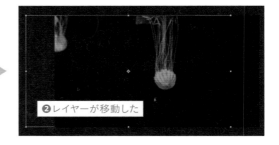

❷レイヤーが移動した

▶ レイヤーの拡大縮小

　レイヤーの大きさを変更するには、[選択ツール] でレイヤーの周囲に表示されている白い四角をドラッグします。縦横比を維持したまま拡大・縮小をしたい場合は、四隅の白い四角を、ドラッグしながら [Shift] キーを押します。

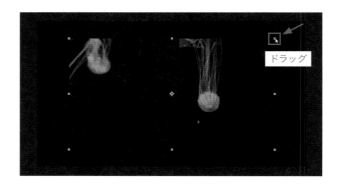

ドラッグ

▶ レイヤーの回転

　レイヤーを回転するには、[回転ツール] ◎ を選択して、レイヤー上でドラッグします。

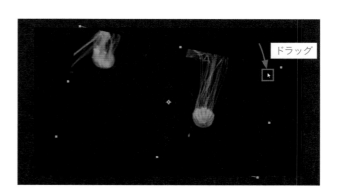

ドラッグ

> **見出し**
>
> [アンカーポイントツール] ▦ によって、拡大・縮小や回転の基点を変更することも可能です (P.052参照)。

レイヤーの移動、拡大縮小、回転をプロパティで行う

1 レイヤープロパティを表示する

レイヤーは、[タイムライン]パネルのレイヤープロパティを使って移動させることもできます。

レイヤープロパティを表示させるには、[タイムライン]パネルに配置されているレイヤーに表示されている[>]のアイコンをクリックしてレイヤーを展開すると表示されます。

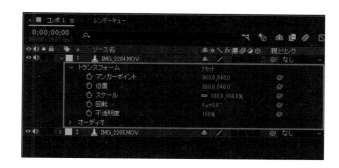

2 [位置]プロパティで レイヤーを移動する

レイヤーの位置を変更するには、[トランスフォーム]にある[位置]プロパティを使って編集します。左側の値がX座標、右側の値がY座標です。座標はコンポジションの左上が（0,0）に設定されています。

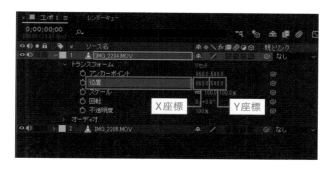

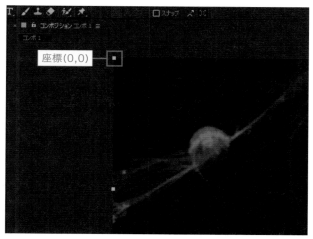

3 [位置] プロパティを編集する

[位置] プロパティの値は、数字の上に
カーソルを合わせて左右にドラッグすると
値を上下させることができます。または、
数字をクリックすると入力モードになるの
で、値をキーボードから直接入力すること
ができます。この値の入力方法は、[スケー
ル] や [回転]、[不透明度] などのプロ
パティも同じ方法で編集することができま
す。
[位置] の値を変更すると、リアルタイムで
[コンポジション] パネルに配置されている
レイヤーの位置が変更されます。

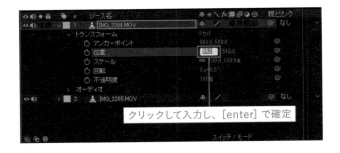

クリックして入力し、[enter] で確定

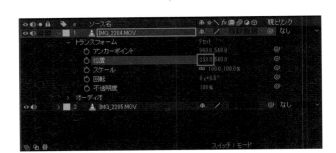

4 レイヤーの位置が変更された

[位置] プロパティを変更した結果、レイ
ヤーの位置が変わりました。ここではレイ
ヤーが左方向に移動しています。
ここでは、X座標を「960.0」を「238.0」
に変更しました。

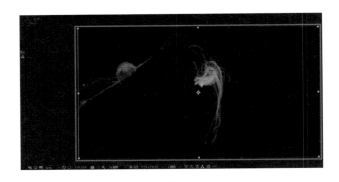

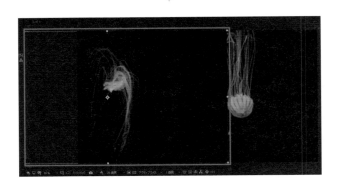

5 ［スケール］プロパティで
レイヤーを拡大・縮小する

［スケール］プロパティの値は、左側の値
がX方向の比率、右側がY方向の比率に
なっています。XY方向の比率を個別に設
定することができますが、プロパティの左
にある鎖のアイコンをクリックしてオンにす
ると、オンになったときのXYの比率のまま、
スケールを変更することができます。

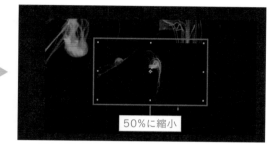

50%に縮小

6 ［回転］プロパティでレイヤーを回転させる

レイヤーを回転させたい場合は［回転］プ
ロパティを編集します。値は角度で設定し
ます。「0x」という値は、回転数を設定す
る値です。2回転させたい場合720°と入
力しなくても、「2」xと入力すれば2回転
させることができます。
ここでは「0x」の部分はそのままで右側
のフィールドに「45」と入力し、時計回り
に45度回転させました。

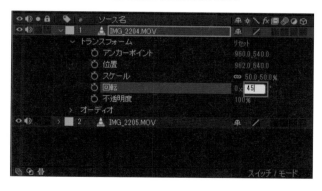

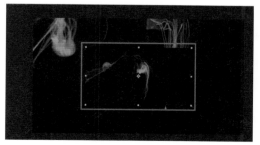

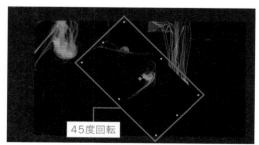

45度回転

7 回転の軸の位置を変える

レイヤーを回転させる場合に回転の中心となる軸をアンカーポイントと言います。アンカーポイントの位置は、[アンカーポイント]プロパティで変更するか、ツールバーにある[アンカーポイントツール]（）を使って、中心となる軸の位置を変更することができます。

8 レイヤーのアンカーポイントをドラッグする

[アンカーポイントツール]を使って、レイヤーのアンカーポイントを移動させるには、レイヤーを選択すると表示されるアンカーポイントを、[アンカーポイントツール]を使ってドラッグします。

9 アンカーポイントを中心にレイヤーが回転する

アンカーポイントを中心に回転させることができました。

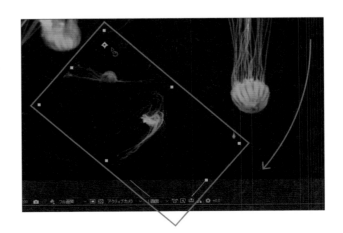

レイヤーをタイムラインで編集する

02

コンポジットパネルや［タイムライン］パネルにレイヤーとしてフッテージを配置したら、
レイヤーを編集してみます。レイヤーの長さや重ね順などを変更することができます。

レイヤーの名前を変更する

1 名前を変更したいレイヤーを選択する

［タイムライン］パネルに配置したレイヤー
は、デフォルトではフッテージのファイル
名のまま表示されますが、わかりやすくレ
イヤーの名前を変更することできます。名
前を変更するには、変更したいレイヤーを
選択して、[enter] キーを押します。

使用ファイル：DSCF2032.jpg、IMG_2458.jpg

2 名前を入力する

[enter] キーを押すと、レイヤーの表示が
［ソース名］から［レイヤー名］に切り替
わり、レイヤーの名前が変更可能になりま
す。変更可能になったところで新しい名前
を入力します。

**IMG_2458.jpgと
IMG_2459.jpgの読み込み**

IMG_2458.jpgやIMG_2459.jpgを
読み込む際には、「シーケンスオプション」
で「ImportJPGシーケンス」のチェック
を外してください。チェックが入っている
と、正しく読み込まれません。

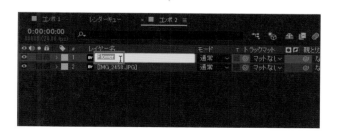

レイヤーの重なりを変更する

1 タイムラインでのレイヤーの順番

［タイムライン］パネルに配置されたレイヤーの順番は、［コンポジション］パネルでのレイヤーの重なりに一致します。［タイムライン］パネルで一番上に表示されているレイヤーが［タイムライン］パネルでも一番上に表示されます。

2 ドラッグ＆ドロップでレイヤーの順番を変更する

レイヤーの重なり順を変更するには、順番を変えたいレイヤーをクリックして選択し、変更したい位置にドラッグ＆ドロップします。ここでは、「Flower」と名前の付いたレイヤーを一番下に移動しました。

レイヤーの表示・非表示

レイヤーの一番左にある目のアイコンをクリックすることで、レイヤーの表示・非表示を切り替えられます。

3 レイヤーの順番が変わった

［コンポジション］パネルでのレイヤーの重なり順も変更されます。

順番が変わらないときは？

中央の画面で、［レイヤー］パネルを表示させていないかを確認してください。［コンポジション］パネルでないと、重なりの順番の変化が確認できません。

レイヤーの重なりは、ドラッグ＆ドロップだけではなく、メニューからも操作できます。

順番を変更したいレイヤーを選択し、［レイヤー］メニューの［重ね順］から、目的の操作を選びます。レイヤーを1つ前（1階層上に移動）、1つ後ろ（1階層下に移動）など4つの操作があります。ここでは、「レイヤーを前面に移動」（一番上に移動）を選択しました。

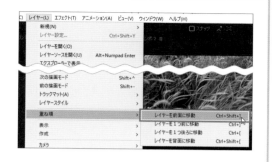

レイヤーの再生タイミングを編集する

1 レイヤーデュレーションバーをドラッグする

タイムラインに配置したレイヤーは、［コンポジション］パネルで再生されるタイミングを自由に変更することができます。タイミングを変更するには、レイヤーデュレーションバーをドラッグするだけで変更できます。

使用ファイル：IMG_2205.mov

2 レイヤーの再生位置が変更された

レイヤーデュレーションバーをドラッグすると、バーの位置が変わります。レイヤーデュレーションバーの左端がある時間が、そのレイヤーの再生開始時間になります。作例では、タイムラインの1秒の位置からレイヤー再生されるようにしました。

レイヤーを［レイヤー］パネルでトリミングする

1 レイヤーのトリミング方法を知る

レイヤーに使用しているフッテージの不要な部分をカットすることをトリミングといいます。レイヤーをトリミングする方法はいくつかあります。

まずは［レイヤー］パネルを使う方法を紹介します。トリミングしたいレイヤーをダブルクリックして、［レイヤー］パネルを表示します。

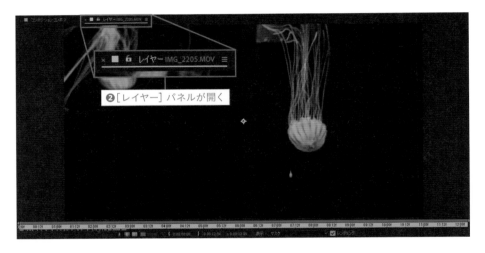

2 インポイントを指定する

［レイヤー］パネルが表示されたら、フッテージを使用する時間の範囲を設定するために、フッテージが開始されるフレームを設定します。開始するフレームの位置をインポイントといいます。インポイントを設定するには、［レイヤー］パネルの時間インジケータを、インポイントにしたい位置にドラッグして移動します。

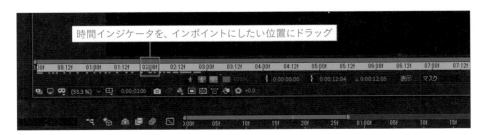

3 インポイントを設定する

インポイントを設定するには、[レイヤー]
パネルの下部にある[インポイントを現在
の時間に設定]のアイコンをクリックします。

4 アウトポイントを指定する

インポイントが設定できたら、アウトポイン
ト（終了点）を設定して、トリミングする
範囲を決定します。[レイヤー]パネルの
時間インジケータを、アウトポイントにした
いフレームにドラッグして移動します。

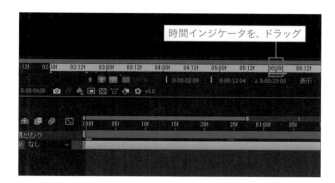

5 アウトポイントを設定する

アウトポイントに設定するフレームを指定
できたら、[レイヤー]パネルの[アウトポ
イントを現在の時間に設定]のアイコンを
クリックします。

6 レイヤーがトリミングされた

アイコンをクリックするとアウトポイントが[レイヤー]パネルの現在の時間インジケータに作成
され、アウトポイントより後ろの部分がカットされます。

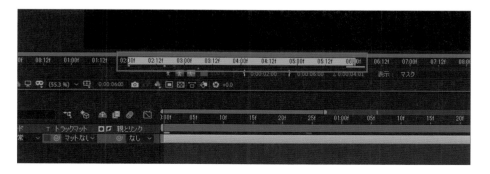

7 タイムラインにも反映された

［レイヤー］パネルでトリミングした結果は、リアルタイムで［タイムライン］パネルに配置され
ているレイヤーに反映されます。［タイムライン］パネルでレイヤーのデュレーションバーを見る
と、トリミングでカットされた部分は半透明になっているのがわかります。

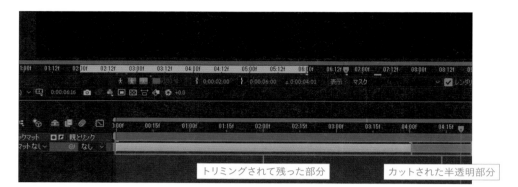

レイヤーを［レイヤー分割］でトリミングする

1 ［レイヤー分割］によるトリミング

もう1つのレイヤーをトリミングする方法として［レイヤー分割］を使用する方法があります。フッ
テージにインポイントやアウトポイントを設定するのではなく、レイヤーを任意の時間でレイヤー
分割してトリミングすることができます。レイヤーを分割するには、［タイムライン］パネルの現
在の時間インジケータを分割したい時間にドラッグして移動します。

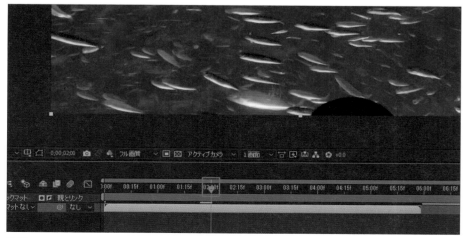

使用ファイル：IMG_2203.mov

2 [レイヤーを分割] を選択

[編集] メニューから [レイヤーを分割]
を選択するか、[Ctrl] + [Shift] + [D]
を押します。

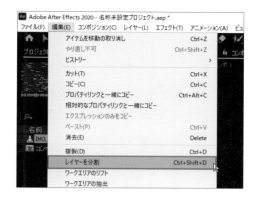

3 レイヤーが2つに分割された

[レイヤーを分割] を選択すると、レイヤーが現在の時間インジケータがある時間で、レイヤー
が2つに分割されます。

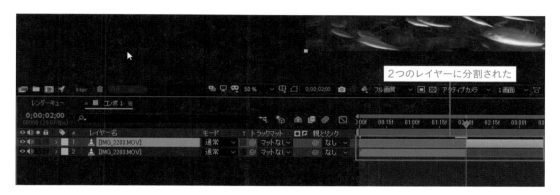

4 レイヤーはいくつでも分割できる

[レイヤーを分割] を使用すると、現在の時間インジケータを使って分割し、必要な部分だけ
を残したり、同じフッテージからいくつもの範囲を抽出してレイヤーとして利用することができる
ので、非常に便利です。

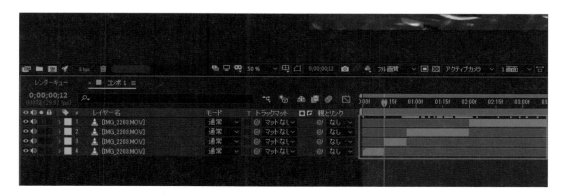

03 レイヤーを合成する

After Effectsは、レイヤー同士をさまざまな方法で合成することができます。レイヤーモード、アルファチャンネル、ベジェマスク、キーイングなど、レイヤーを合成する手法の概略を紹介します。

レイヤーモードを使用した合成

▶ レイヤーモードとは

レイヤーモードは、下層のレイヤーと上層のレイヤーを、RGB値や明度、彩度、色相といった色情報を加算や乗算といった演算を行って合成する方法です。レイヤーモードを使用するには、重なったレイヤーのうち、上層のレイヤーの［モード］から適切なモードを選択します。［モード］が見つからない場合は次ページの最後をご覧ください。

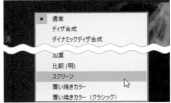

▶ ［加算］で合成

左図が下層レイヤー、右図が上層レイヤーで、上層レイヤーのモードを［加算］にしたのが下図です。

［加算］は下層のレイヤー（基本色）のRGB値と上層のレイヤー（合成色）のRGB値を足した結果を［コンポジション］パネルに表示します。RGBの各チャンネルの範囲が0から255の場合、0が黒、255が白になります。

例えば、下層のレイヤーの色がRGB（50,50,50）で上層のレイヤーの色が（50,50,50）であれば合成後の色は（100,100,100）となり明るい色になります。

IMG_2392.jpg

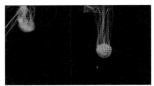
IMG_2205.mov

▶[乗算]で合成

　[乗算] は上層のレイヤー（合成色）と下層のレイヤー（基本色）の色を掛け合わせた結果を [コンポジション] パネルに表示します。

　RGB値が0から255で表されている場合、単純に2つの色を掛け合わせるのではなく、基本色に、合成色を255で割った値を掛け合わせます。

　結果的には、同じ色を乗算で合成すると暗くなっていき、合成色の値が255に近い部分は結果に影響を与えないので、透明化されたような状態になります。影や汚れのようなフッテージを合成したり、ガラスへの映り込みなどを合成したいときに使用します。

texture01.png

durt01.png

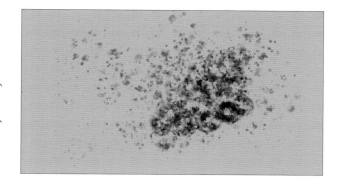

▶[スクリーン]で合成

　[スクリーン] は、[乗算] の逆の効果で、基本色と合成色をスクリーンで合成すると明るくなっていき、合成色が暗くなるに従って結果に影響しなくなります。

　加算では、結果色がすぐに255を越えて飽和してしまいますが、スクリーンでは基本色と合成色を加算した値から、基本色に合成色を255で割った値を掛けた値を引くため、白く飽和しにくい特徴があります。

　明るい光を合成したり、ハイライトを合成したりする場合などに使用されます。

IMG_2392.jpg

flare.png

「モード」が見つからないとき

「モード」が見つからないときは、[タイムライン] パネルの下にある「スイッチ/モード」をクリックしてみてください。

🗎 🎬 🎨 🔅 　フレームレンダリング時間　0ms　　　　　　　　　スイッチ / モード

アルファチャンネルを使用した合成

アルファチャンネルを含んだフッテージを上層のレイヤーに使用すると、背景部分が透明化されるので、下層のレイヤーに合成することができます。アルファチャンネルを含んだフッテージは、主に3DCGツールやAdobe Illustratorなどで作成することができます。

IMG_2392.jpg

3DCG_LOGO.png

ベジェマスクを使用した合成

1 [ペンツール] でマスクを作成

撮影された写真のようなアルファチャンネルがないフッテージでも、[ペンツール]を使ってマスクする領域を作成し、下層のレイヤーに合成することができます。[ペンツール] で作成したベジェ曲線を使ってマスクするので、この手法をベジェマスクといいます。ここでは、右の様な花の写真を、[ペンツール] を使って切り抜いてみます。

使用ファイル：IMG_2432.jpg、IMG_2458.jpg

2 レイヤーと [ペンツール] を選択する

ベジェマスクを作成するには、マスクを作成したいレイヤーを選択し、[ペンツール]を選択します。レイヤーを選択しておかないと、マスクではなくシェイプレイヤーが作成されてしまうので注意します。

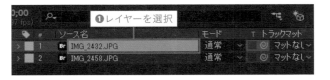
❶レイヤーを選択

❷[ペンツール] を選択

3 開始点を [ペンツール]でクリック

[ペンツール]を選択したら、マスクを作
成したい輪郭にあわせて[ペンツール]で
曲線を作成していきます。[ペンツール]
で曲線を描いていくには、まず、[コンポ
ジット]パネルで、開始点とする地点をク
リックします。

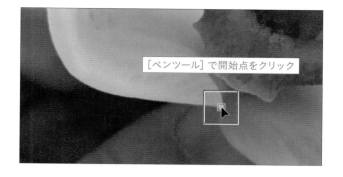

4 ドラッグして曲線を作成

次に、輪郭の曲がり方が変わるあたりでク
リックしてそのままドラッグし、表示される
曲線を画像の輪郭にあわせます。

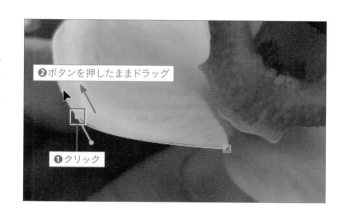

5 曲線を閉じる

[ペンツール]を使ってクリックとドラッグを繰り返しながら、輪郭に合わせて曲線を描いていき
ます。作成した曲線は後から編集できるので、最初はラフな感じでも構いません。最後の部分
は開始点をクリックして曲線を閉じます。

6 ベジェマスクが作成された

曲線が閉じられると、曲線の内側がマスクされ、外側の領域が透明化されます。

7 ベジェマスクの形状を編集する

作成したベジェマスクは編集することができます。編集するには［選択ツール］を選択して、ベジェマスク上に表示されている頂点をクリックして選択し、移動させてベジェマスクを編集することができます。

❷［選択ツール］で頂点を移動できる

❶［選択ツール］を選択

| ファイル(F) | 編集(E) | コンポジション(C) | レイヤー(L) |

8 ハンドルで曲がり方を変える

ベジェマスクの頂点を選択すると、頂点の両側に方向線とハンドルが表示されます。このハンドルをドラッグして、方向線の方向や長さを変えることで、曲線の曲がり方や方向を変えることができます。方向線の長さが長いと緩やかな曲線を作成することができ、短いとコーナーのような鋭角に曲がる曲線を作成することができます。

ハンドル

方向線

方向線

ハンドル

❶［選択ツール］でハンドルを下にドラッグ

❷カーブがなめらかになる

9 頂点を増やす

ベジェマスクを構成する頂点は後からでも
追加したり、削除することができます。頂
点を増やしたい場合は、[ペンツール] の
アイコンを長押しすると表示されるツール
から [頂点を追加ツール] を選択します。
[頂点を追加ツール] を選択したら、ベジェ
マスクの頂点を追加したい位置で、ベジェ
マスクの曲線をクリックするとクリックした
位置に頂点が追加されます。追加された
頂点は、他の頂点と同様に選択ツールを
使って頂点の位置やハンドルの調整を行う
ことができます。

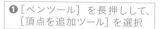

10 頂点を削除する

ベジェマスク上に作成されている不要な頂
点を削除するには、[ペンツール] を長押
しして、[頂点を削除ツール] を選択して、
不要な頂点をクリックすればその頂点を削
除することができます。

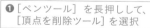

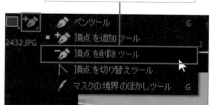

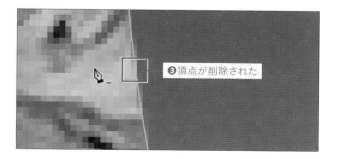

11 ベジェマスクの調整

作成したベジェマスクは、境界のぼかしや
境界の拡張などをレイヤーのプロパティか
ら調整することができます。ベジェマスクが
作成されたレイヤーには、[マスク]という
プロパティが追加されます。ここでベジェマ
スクに関する設定を行うことができます。

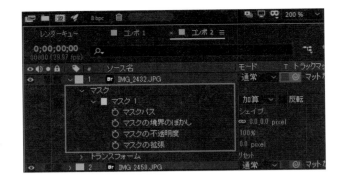

12 ベジェマスクの境界をぼかす

ベジェマスクの境界部分を下層のレイヤー
と馴染ませたい場合はマスクの境界をぼか
します。境界をぼかすには、[マスク]プ
ロパティの[マスクの境界のぼかし]の値
を調整します。ぼかしの値を大きくすると
境界を中心に不透明度が変化していきます。

X方向Y方向(縦横)で
別の値を設定したいときは

値の左にあるチェーンのアイコン（ ⬥ ）
をクリックしてオフにすると、X方向Y方
向に対して別々の値を設定することもでき
ます。

13 マスクした領域の
不透明度を設定する

ベジェマスクで囲んだ領域の不透明度も
調整することができます。[マスク]プロパ
ティの[マスクの不透明度]の値を調整
すると、設定したパーセンテージでマスク
の領域内の不透明度が調整されます。

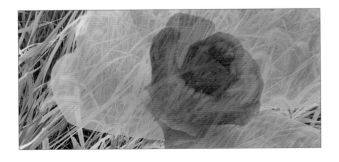

14 マスクした領域の範囲を調整する

[マスク] プロパティの [マスクの拡張] の値を調整すると、ベジェマスクの形状はそのままに、マスクされる領域だけを拡大したり縮小することができます。

15 マスクの範囲を反転させる

作成されたベジェマスクは、デフォルトではベジェマスクの内側がマスクされた状態になりますが、[マスク] プロパティの [反転] をクリックしてオンにすると、マスクの領域が反転してベジェマスクの外側がマスクされた状態になります。

コラム │ ペンツールとシェイプツールの使い方

[ペンツール] は、レイヤーを選択して使うときと、レイヤーを選択せずに使うときで、作成される
ものが異なります。また、[長方形ツール] などのシェイプツールも同じような動作をします。

レイヤーを選択した状態で [ペンツール]（❶）やシェイプツール（❷）を使うと、そのレイヤー上
にパスを作成できます（❸、❹）。パスが閉じた状態だとマスクとして使えるほか、パスに文字を沿わ
せる（P.148）のに使ったりします。

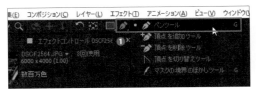

[ペンツール] でのパス作成

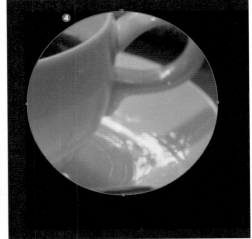

[楕円形ツール] でのパス作成

レイヤーを選択していない状態で [ペンツール] やシェイプツールを使うと、シェイプレイヤーを
作成できます（❺、❻）。シェイプレイヤーは、レイヤーに作成したパスとは異なり、それ自体が独立
したレイヤーです。さまざまな形のオブジェクトなどを作ることができます。

[ペンツール] でのシェイプレイヤー作成

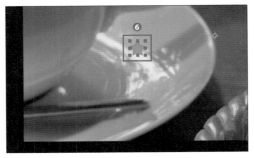

[スターツール] でのシェイプレイヤー作成

キーイングを使用した合成

1 キーイングとは

キーイングは、上層にあるレイヤーのフッテージの特定の色を透明化して、下層のレイヤーに合成する手法です。After Effectsには、[リニアカラーキー]エフェクトや、[Keylight]エフェクトなどいくつかのツールが用意されています。図は[Keylight]を使ってキーイングしたものです。実写で撮影する際に、透明化したい背景などがある場合、その部分にグリーンやブルーの布（グリーンバック、ブルーバックと言います）などを配置して撮影し、素材を作成します。

使用ファイル：DSCF2056.jpg、Blue_BG.png

2 Keylightでキーイングを行う

ここではキーイングの例として、Keylightを使ったキーイングを簡単に紹介します。KeylightはAfter Effectに用意されているキーイングの機能の中では、非常に簡単にクオリティの高いキーイングができるため、よく使用されるエフェクトです。

ここでは、コンポジットパネルに、下層のレイヤーにブラインドのフッテージ、上層のレイヤーにブルーバックで撮影した花のフッテージが配置されています。花のレイヤーのブルーバック部分を、Keylightを使ってキーイングしたいので、花のレイヤーを選択します。

3 Keylightを適用する

ブルーバックで撮影した花のレイヤーを選択した状態で、[エフェクト]メニューの[Keying]から[Keylight(1.2)]を選択します。

4 [エフェクトコントロール]パネルを表示する

Keylightを選択すると、選択していたレイヤーに[Keylight]エフェクトが適用されます。エフェクトを適用したレイヤーを選択した状態で、[エフェクトコントロール]パネルを表示すると、[Keylight]エフェクトのプロパティが表示されます。

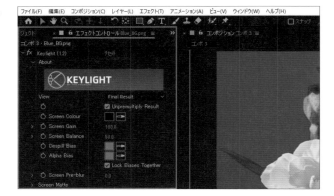

5 キーアウトしたい色を選択する

特定の色を透明化（キーアウトといいます）するには、[Keylight]エフェクトのプロパティにある[Screen Colour]のスポイトアイコンをクリックしてアクティブにし、[コンポジション]パネルでキーアウトしたい色をクリックして色を選択します。

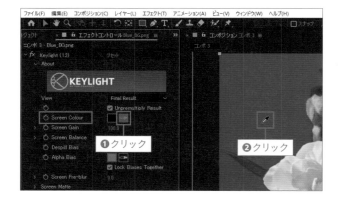

6 選択した色がキーアウトされた

[Screen Colour]で選択した色がキーアウトされて透明化されます。

7 キーイングの精度を確認する

キーアウトする色を選択しただけでは、予定していない部分までキーアウトされていることがあります。マスクしたい部分に、キーアウトした色に類似した色がある場合などです。
キーイングの状態を確認するには、[View]をクリックして、デフォルトの[Final Result]から[Screen Matte]に切り替えるとわかりやすくなります。[Screen Matte]表示では、マスクされた部分が白で表示されるので、グレーになっているような部分は半透明になっています。

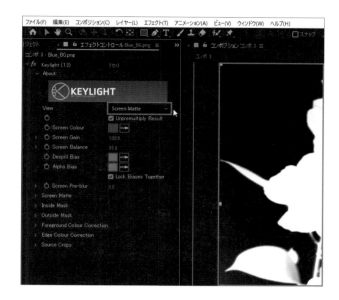

8 キーアウトされる範囲を調整する

[View]を[Screen Matte]に切り替えたときに、本来半透明でない部分がグレーになっていたり、キーアウトしたい部分が完全に黒になっていない場合は、[Screen Matte]プロパティで調整します。

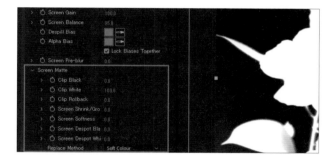

9 Clip Blackを調整する

[View]を見ると、キーアウトしたい部分にグレーの部分があるのがわかります。
この部分を完全にキーアウトさせるには、[Screen Matte]プロパティの[Clip Black]の値を調整します。キーアウトしたい部分が完全に黒くなるように、白いマスクされている部分の輪郭になるべく影響がない範囲で、[Clip Black]の値を上げていきます。

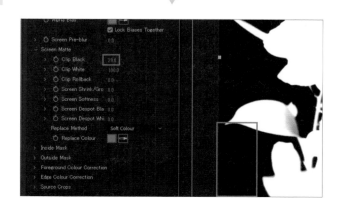

10 Clip Whiteを調整する

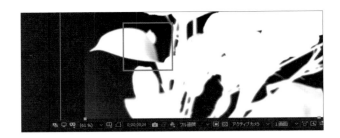

マスクしたい部分（白い領域）がグレーになっている場合は、[Clip White]の値を調整します。[Clip White]の値はデフォルトで「100」になっているので、マスク部分の輪郭に影響がでない程度に、値を下げて、領域内にグレーの部分が無くなるように値を下げていきます。

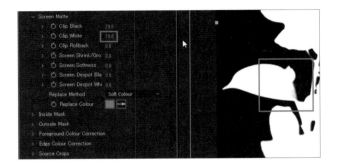

11 Viewを戻して確認する

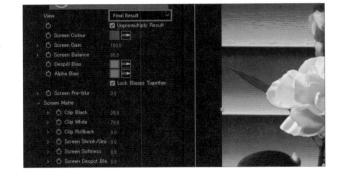

Screen Matteの状態で調整できたら、[View]を[Final Result]に戻してキーイングの具合を確認します。

12 輪郭を調整する

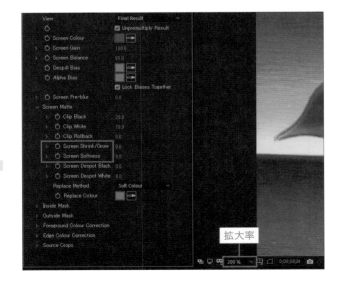

[コンポジット]パネルの左下にある[拡大率]や[ズームツール]を使ってコンポジションを拡大してみます。キーアウトした輪郭に、背景の色が残っている部分がある場合は、[Screen Matte]プロパティにある[Screen Shrink/Grow]や[Screen Softness]の値を調整して、キーイングしたレイヤーが背景のレイヤーに馴染むように調整していきます。

13 輪郭に残った背景色を除去する

まずは輪郭に残った背景色を除去していきます。背景色を除去するには、[Screen Shrink/Grow] の値を調整します。値を大きくしていくと、マスクされている領域が広がっていき、小さくしていくと領域が狭くなっていきます。背景の色が残っている場合は、値をマイナスの値にして、背景の色が見えなくなる程度に調整します。

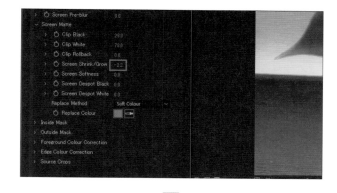

14 輪郭を馴染ませる

[Screen Shrink/Grow] で輪郭に残った背景色を除去すると、マスクしたい部分の輪郭の形状が変わってしまったり、下層レイヤーとの馴染みが悪くなってしまうときがあります。そのようなときは、[Screen Softness] を調整して輪郭を柔らかくぼかしていきます。値を大きくしていくと、マスクの輪郭のボケが強くなっていくので、下層のレイヤーと自然に馴染むように値を調整していきます。

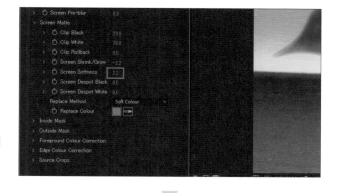

04 アニメーションの基本

After Effectsでは、レイヤーやレイヤーに適用したエフェクトのさまざまな要素を値を時間に応じて変化させアニメーションを作成することができます。ここでは、アニメーションを作成するための基本操作を解説します。

レイヤーをアニメーションさせる

1 レイヤーにキーフレームを作成する

After Effectsを始め、多くのアニメーションツールでは複数の「キーフレーム」を作成しながら、アニメーションを作成していきます。キーフレームというのは、特定のフレームでレイヤーがどのような状態になっているのかを記録した情報です。複数のキーフレームを作成することで、キーフレーム同士の情報の差異を計算して動きを作成していきます。After Effectsでは、レイヤーやエフェクトのプロパティ名の先頭に表示されているストップウォッチのアイコンをクリックしてアクティブにすると、キーフレームが作成されるモードに切り替わります。

2 移動するアニメーションを作成する

キーフレームの仕組みを理解するために、まずは簡単なレイヤーが移動するアニメーションを作成してみます。動かしたいレイヤーの［位置］プロパティのストップウォッチアイコンがクリックされてオンになっていることを確認して、［タイムライン］パネルの時間インジケータを0フレームにドラッグして移動させます。

3 | 1つ目のキーフレームを作成する

時間インジケータを0フレームに移動した後、[コンポジション] パネルで [選択ツール] を使って、レイヤーを移動し0フレームでの位置を決めます。ストップウォッチアイコンがオンになっている状態では、レイヤーを動かすとレイヤーのプロパティが記録されたキーフレームが自動的に作成されます。

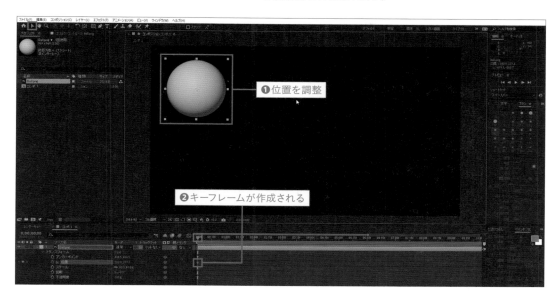

4 | 2番目のキーフレームを作成する

2番目のキーフレームを作成します。[タイムライン] パネルの現在の時間インジケータを1秒の位置に移動し、レイヤーを右下の方へ移動します。タイムラインでは、自動的に [位置] プロパティにキーフレームが作成されました。

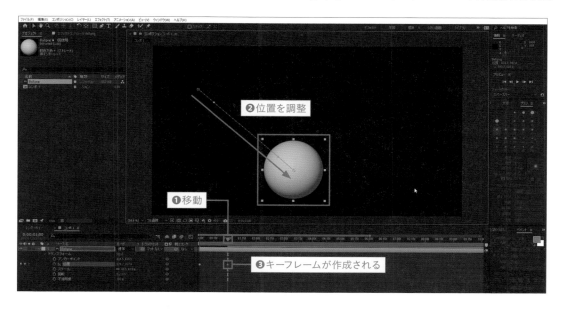

5 3番目のキーフレームを作成する

3番目のキーフレームを作成します。[タイムライン] パネルの現在の時間インジケータを2秒の位置に移動して、レイヤーを右上の方へ移動します。[位置] プロパティの2秒の位置にキーフレームが作成されました。

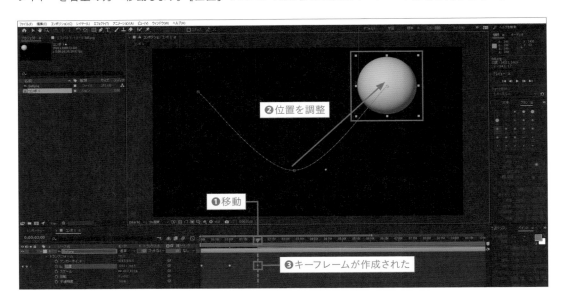

6 アニメーションを再生する

作成したアニメーションを再生するには、[プレビュー] パネルで [最初のフレーム] をクリックしてから [再生] をクリックします。

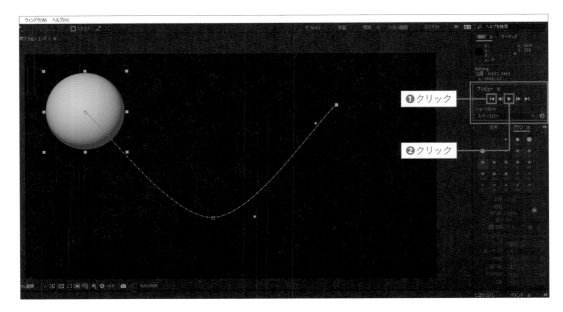

モーションパスを編集する

1 モーションパスにハンドルを表示する

レイヤーにキーフレームを作成してアニメーションさせると、レイヤーの動きの軌跡がパスとして表示されます。このパスを**モーションパス**と言います。モーションパスには、フレームごとのレイヤーの位置（アンカーポイントの位置）を示した点と、キーフレームが表示されます。モーションパスはベジェと呼ばれる曲線で制作されているので、上に表示されたキーフレームを選択するとキーフレームの両側に**ハンドル**が表示されます。

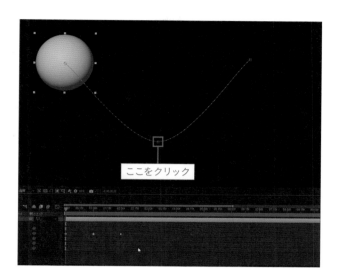

2 モーションパスを変形させる

モーションパス上のキーフレームに表示されるハンドルをドラッグすると、モーションパスの形状を編集することができます。モーションパスを編集することで簡単にレイヤーの動き方を変更することが可能です。

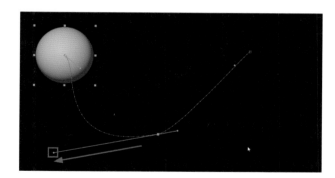

3 ハンドルの形状を変更する

キーフレームのハンドルは、デフォルトでは2つのハンドルが直線になった状態でしか角度や長さを調整することができませんが、キーフレーム上で右クリックし、表示されるレイヤーから「**キーフレーム補間法...**」を選択すると、ハンドルの状態を切り替えることができます。

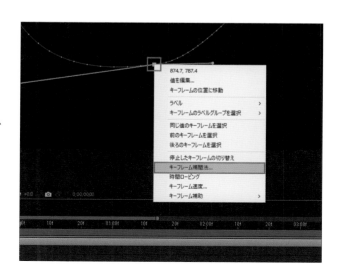

4　補間法を変更する

モーションパスに影響を与える補間法は、「空間補間法」です。補間法を変更するには、表示されたダイアログで「空間補間法」の右側をクリックすると、「連続ベジェ」や「リニア」など補間法が表示されるので、必要な補間法を選択します。

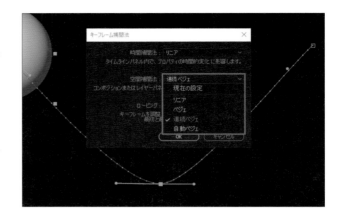

［リニア］はハンドルが表示されず、直線的なパスを作成します。鋭角な動きを作成する際に使用します

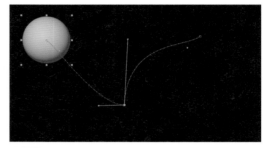

［ベジェ］は両側のハンドルの角度をそれぞれ変更することができます。ボールのバウンドなど、キーフレームを境に曲率が大きく変化するような動きを作成する際に使用します

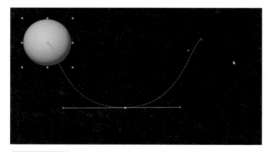

［連続ベジェ］は、キーフレームの両側のハンドルの長さはそれぞれ変更できますが、2つのハンドルは一直線に固定されます。連続した緩やかな動きを作成する場合に使用します

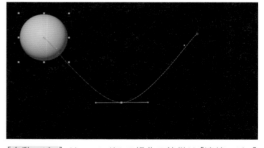

［自動ベジェ］は、ハンドルの操作の特徴は［連続ベジェ］と同じですが、他の補間法を使って曲線が編集された状態で［自動ベジェ］に切り替えると、補間法がリセットされて、キーフレームの配置に応じたハンドル方向に設定されます

キーフレームを編集する

1 キーフレームの間隔を変更する

レイヤーに設定されたキーフレームは自由に移動して、動きのタイミングやスピードを調整することができます。タイムラインのキーフレームは、ドラッグするだけで簡単にフレームを移動させることができます。キーフレームに格納されているプロパティの情報に変化がなければ、ふたつのキーフレームの間隔を短くすれば変化のスピードが速くなり、長くなるとスピードが遅くなります。

スピードの変化は、モーションパスに表示されている点の間隔でも確認できます。点と点の間隔が広がっている部分はスピードが速く、間隔が狭い部分はゆっくり動いていることになります。レイヤーのスピード調整をするには、モーションパスの点の間隔を見ながら、タイムラインのキーフレームの位置をドラッグして編集するとわかりやすいと思います。

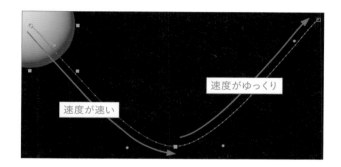

速度がゆっくり

速度が速い

2 キーフレームを流用する

レイヤーに作成したキーフレームは、コピーして流用することができます。反復するような動きを作成する場合などに便利です。ここでは、振り子のように反復する動きを作成してみます。図では0秒、1秒、2秒の位置にキーフレームが作成されています。

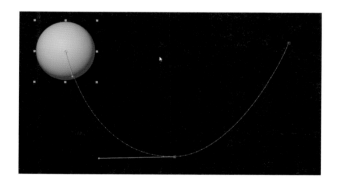

3 キーフレームをコピーする

反復する動きを作成したいので、3つのキーフレームの内、真ん中にある1秒の位置にあるキーフレームをクリックして選択し、[Ctrl] + [C] キーを押してコピーするか、[編集] メニューから [コピー] を選択します。

4 キーフレームをペーストする

コピーしたキーフレームを流用したいフレームに時間インジケータを移動し、[Ctrl] + [V] キーを押すか、[編集] メニューから [ペースト] を選択して、キーフレームをペーストします。ここでは3秒の位置にペーストしました。

キーフレームをペーストする際に必ずレイヤープロパティの中からキーフレームをペーストするプロパティを選択しておく必要があります。ここでは [位置] プロパティを選択した状態になっています。

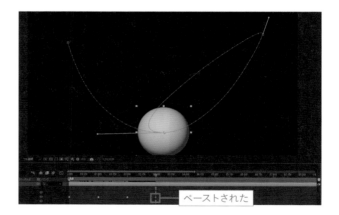

5 ハンドルの向きを調整する

キーフレームをペーストすると、ハンドルの方向が逆になってしまっているので、キーフレーム補間法（P.077参照）の [空間補間法] を [ベジェ] に切り替えて修正します。

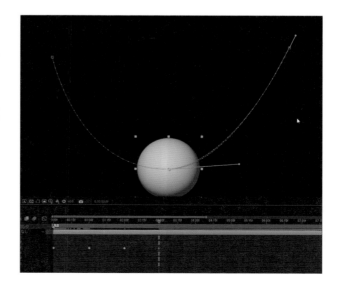

6 必要な数だけコピー＆ ペーストを繰り返す

後は必要なフレームに対して、キーフレームのコピー＆ペーストを繰り返していきます。図では、0秒にあるキーフレームをコピーして、4秒の位置にペーストしました。

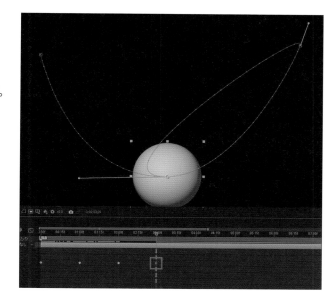

7 振り子のような動きが作成された

［プレビュー］パネルの再生ボタンをクリックすると、0秒目と2秒目がコピーされて振り子のような動きになります。

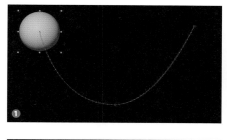

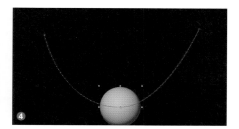

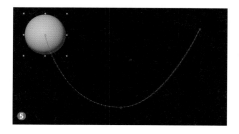

05 エフェクトの基本

After Effectsは多彩なエフェクトが用意されているのも、魅力のひとつです。ここでは
レイヤーにエフェクトを適用する基本的な方法を解説します。

レイヤーにエフェクトを適用する

1 ワークスペースを変更する

レイヤーにエフェクトを適用するには、標
準のワークスペースでも行うことができます
が、作業しやすいように［ワークスペース］
から［エフェクト］を選択して、ワークス
ペースを変更します。

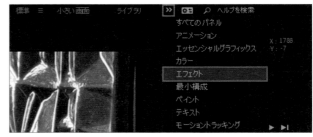

使用ファイル：_DSF3199.jpg

2 ［エフェクト＆プリセット］パネルからエフェクトを適用する

レイヤーにエフェクトを適用するには、［エ
フェクト＆プリセット］パネルを使用するか、
［エフェクト］メニューから自分が使いたい
エフェクトを選択します。
［エフェクト＆プリセット］パネルからエフェ
クトを適用したい場合は、パネルから、使
いたいエフェクトをクリックして選択し、そ
のまま適用したいレイヤーにドラッグ＆ド
ロップします。ここでは［ブラー＆シャープ］
から［ブラー（ガウス）］を適用しました。

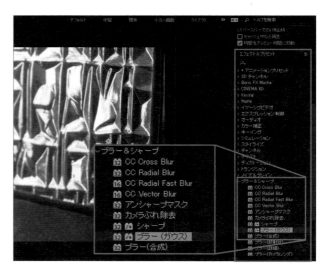

3 [エフェクト] メニューから
エフェクトを適用する

もう1つのレイヤーにエフェクトを提供する
方法として、[エフェクト] メニューから使
用したいエフェクトを選択する方法があり
ます。この方法の場合、まずエフェクトを
適用したいレイヤーを選択してから、[エ
フェクト] メニューから、使用したいエフェ
クトを選択します。

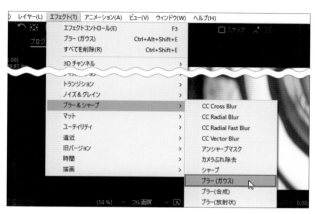

4 [エフェクトコントロール] パネル
にエフェクトが追加される

エフェクトがレイヤーに適用されると、[エ
フェクトコントロール] パネルにエフェクト
名が追加されます。1つのレイヤーに複数
のエフェクトを適用することができ、適用
した順番に上から下にエフェクト名がリス
トされます。

エフェクトを編集する

1 エフェクトのプロパティを
表示する

レイヤーに適用されたエフェクトを編集す
るには、エフェクトのプロパティを表示す
る必要があります。[エフェクトコントロー
ル] パネルには、[タイムライン] パネル
で選択されているレイヤーのエフェクトが
表示されるので、レイヤーを選択してから、
[エフェクトコントロール] パネルでエフェ
クト名の先頭にある [>] をクリックして、
プロパティを表示します。

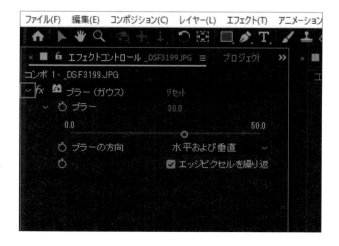

2 エフェクトのプロパティを編集する

エフェクトを編集するには、プロパティの値を編集していきます。

表示されるプロパティはエフェクトごとに違っています。例えば［ブラー（ガウス）］エフェクトでは、［ブラー］、［ブラーの方向］、［エッジピクセルを繰り返す］というプロパティが用意されています。図は［ブラー］を「30」、［ブラーの方向］を「水平及び垂直」、［エッジピクセルを繰り返す］をオンに設定した状態です。

プロパティの値は、数値を直接クリックして入力するか、プロパティ名の先頭にある［>］をクリックして、スライダーをドラッグします。

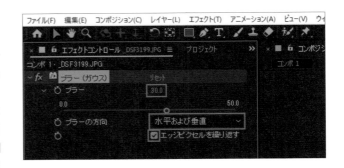

初期状態に戻すには

初期状態に戻したい場合は、エフェクト名の右にある［リセット］をクリックします。

3 エフェクトを組み合わせる

エフェクトは前述した通り、1つのレイヤーに対して複数のエフェクトを適用することができます。ここでは［ディストーション］から［波紋］を適用しました。新しく適用したエフェクトは、前に適用したエフェクトの下に配置されます。

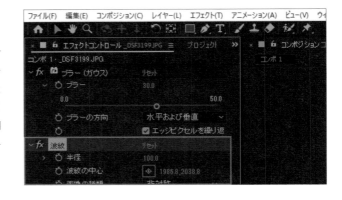

4 エフェクトの順番を変える

[エフェクトコントロール] パネルにリスト
されているエフェクトは、上から順番にレ
イヤーに対して処理が行われます。

エフェクトの順番は、[エフェクトコント
ロール] パネルでエフェクトをドラッグ＆ド
ロップすることで簡単に順番を変えること
ができますが、エフェクトの順番を変える
ことで、最終的に出力される映像の状態
が変わってきます。

特に「ディストーション」のような変形を
加えるようなエフェクトでは、エフェクトを
適用する順番で全く違う結果になるので
注意が必要です。図は、上が [ブラー（ガ
ウス）]、[波紋] の順番に適用した状態、
下が [波紋]、[ブラー（ガウス）] の順
番に適用した状態です。

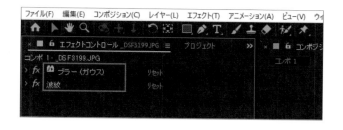

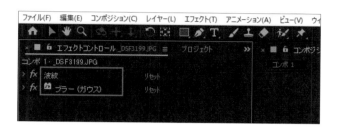

06 コンポジットをファイルに出力する

**コンポジットで加工編集した映像は、レンダリングという処理を経てムービーファイルや
アニメーションのシーケンスファイルとして出力することができます。**

レンダーキューを使ったレンダリング

1 コンポジットを
レンダーキューに追加する

After Effectsで作成した映像をレンダリ
ングしてファイルに出力するには、コンポ
ジット単位でレンダリングを行います。ここ
ではレンダーキューを使ったレンダリング
方法を紹介します。

コンポジットをレンダーキューに追加する
には、レンダリングしたいコンポジットを
表示した［コンポジット］パネルを選択し
た状態で、［コンポジション］メニューから
［レンダーキューに追加］を選択します。

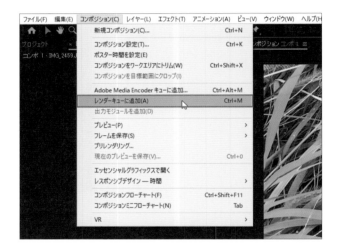

2 キューが追加された

［タイムライン］パネルが、［レンダー
キュー］に切り替わります。
［レンダーキュー］には、選択したコンポ
ジションの名前が付いたキューが作成され
ます。キューには、そのコンポジションをど
のような形式で、レンダリングするのかな
どの情報を設定することができます。

3 [レンダリング設定] の ウィンドウを表示する

レンダーキューにコンポジットのキューが追加
されたら、キューの先頭にある［＞］をクリッ
クしてキューのプロパティを表示します。
キューのプロパティには、［レンダリング設
定］、［出力モジュール］、［出力先］の設定
が用意されています。
まずは［レンダリング設定］を行います。設
定を行うには［レンダリング設定］の［最良
設定］をクリックします。クリックすると［レ
ンダリング設定］のウィンドウが表示されます。

4 レンダリング設定を行う

［レンダリング設定］では、出力するときだけ解像度を変更したり、不要なエフェクトやレイヤー
を外した状態で出力するような指定をすることができます。最終的な出力をするのであれば、デ
フォルトの「最良設定」のままで問題ありません。しかし、多くのエフェクトやレイヤーを使っ
ていると、レンダリングにとても時間がかかることがあるので、簡易にレイヤーの動きを確認し
たいというような場合には、［解像度］の設定を低くしたり、［エフェクト］の設定を「すべて
オフ」にしてレンダリング時間を節約するとよいでしょう。

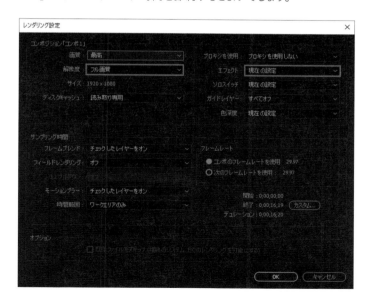

表示されている通りに出力するには？

［コンポジット］パネルに表示されている通りに出力したい場合は、各パラメータの設定を「現在の
設定」に切り替えます。

5 [出力モジュール設定] の ウィンドウを表示する

コンポジションを出力する際に、どのようなファイル形式で出力するのかを設定するには、[出力モジュール] で設定します。デフォルトでは「H.264」になっています。ファイル形式を変更するには、[出力モジュール] の「H.264」などモジュール名の部分をクリックして設定を表示します。モジュール名をクリックすると、[出力モジュール設定] のウィンドウが表示されます。

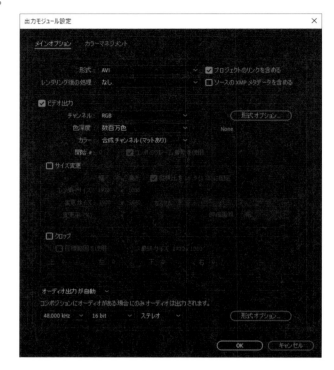

6 ファイル形式を設定する

[出力モジュール設定] では、まずはファイル形式を設定します。[形式] をクリックすると、出力できるファイル形式が表示されるので、出力したいファイル形式を選択します。「AVI」、「QuickTime」、「H.264」はムービーファイルです。「シーケンス」と付いている形式では、アニメーションをフレームごとの連番のファイルとして出力します。「AIFF」と「MP3」はオーディオだけがオーディオファイルとして出力されます。

7 形式オプションを設定する

ファイルの形式を選択すると、それぞれの
形式のオプションを設定することができま
す。[出力モジュール設定] ウィンドウの
[形式オプション] では、選択したファイ
ル形式のコーデック（圧縮フォーマット、
P.092参照）を選択することができます。
コーデックは選択したファイルの形式に
よって用意されているものが違います。
例えば、図は [出力モジュール設定] ウィ
ンドウで「QuickTime」形式を選択した
状態で、[形式オプション] をクリックして
表示される [QuickTimeオプション] の
ウィンドウです。[ビデオコーデック] をク
リックすると、QuickTime形式に含まれ
るさまざまなコーデックが表示されるので、
必要に応じて選択します。

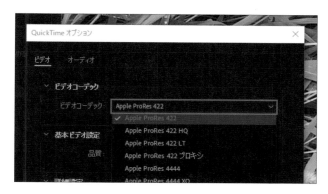

8 ビデオ出力を設定する

ファイル形式やコーデックを選択したら、
[ビデオ出力] の設定を行っていきます。こ
の [ビデオ出力] で選択できる項目も、
選択したコーデックによって変わってきま
す。ここでは「QuickTime」形式のアニ
メーションコーデックを選択しています。
[チャンネル] では、出力するファイルに含
めるチャンネル情報を選択します。色の情
報だけでよければ「RGB」を選択、色情
報に加えてアルファチャンネルも含めたい
のであれば「RGB＋アルファチャンネル」
を選択します。あまり利用することはない
と思いますが、アルファチャンネルだけ出力
したい場合は「アルファチャンネル」を選
択します。

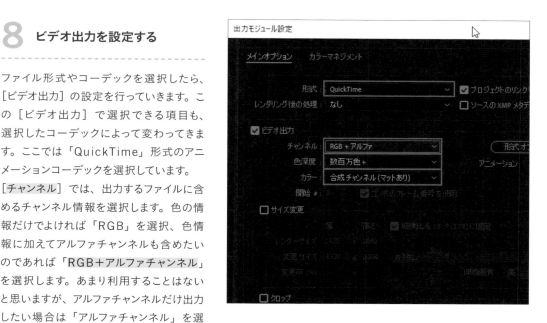

[色深度] の設定は、使用する色数を設定します。通常は「数百万色＋」ですが、コーデッ
クに「Apple ProRes442」などを使用すると「数兆色」まで使用することができます。
[カラー] はアルファチャンネルの設定を選択します。

9 サイズを設定する

［出力モジュール］の設定では、ファイルと
して出力する際に、コンポジットのサイズ
を一時的に変更して出力することができま
す。サイズを変更するには、［サイズ変更］
にチェックを入れます。すると、［変更サイ
ズ］に数値を入力することができるように
なります。

コンポジットのサイズがフルHDの1920
×1080ピクセルに設定されていますが、
確認用にハーフHDのサイズで出力したい
という場合は、［変更サイズ］に1280×
720と入力すれば、コンポジットのサイズ
は変更せずに小さなサイズで書き出すこと
ができます。

10 一部を切り抜いて出力する

［クロップ］の設定を使うと、コンポジット
の一部分だけを出力することができます。
コンポジット全体を出力すると時間がかか
るので、出力する領域を確認したい範囲
だけに限定することで、効率良く作業を進
めることができます。［クロップ］を使用す
るには、［クロップ］にチェックを入れます。

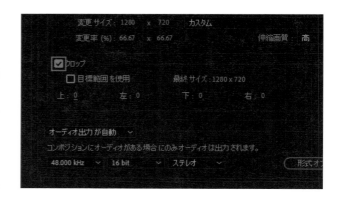

11 目標範囲を使う

［クロップ］にチェックを入れると、［上］
［左］［下］［右］にコンポジットの左上を
0とした座標値で切り抜く範囲を設定する
ことができますが、感覚的にわかりにくい
ので［目標範囲］を使った指定方法を紹
介します。まずは［目標範囲を使用］に
チェックを入れます。

12 目標範囲をオンにする

クロップのための目標範囲は、［コンポジット］パネルで行います。［出力モジュール設定］ウィンドウの［OK］をクリックして消し、［コンポジット］パネル下部にある［目標範囲］のアイコンをクリックします。

13 目標範囲を設定する

［目標範囲］のアイコンをクリックした状態で［コンポジット］パネル上をドラッグすると目標範囲が表示されます。目標範囲は、表示されているハンドルをドラッグすることで、範囲を設定することができます。

クロップを使用しない場合は、［コンポジット］パネルの［目標範囲］のアイコンを再びクリックすればキャンセルされます。また［出力モジュール設定］ウィンドウの［クロップ］をオフにすれば、コンポジット全体を出力することができるようになります。

14 出力先を設定する

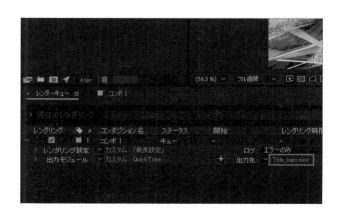

レンダリングしたファイルを保存する場所を設定するには、［レンダーキュー］パネルで［出力先］に表示されているファイル名をクリックします。

15 [ムービーを出力] ウィンドウで出力先を指定する

[ムービーを出力] ウィンドウが表示されるので、[ファイル名] に出力する名前を入力し、保存先のフォルダを表示して [保存] をクリックします。

16 レンダリングを実行する

必要なキューの設定が終わったら、[レンダーキュー] パネルの [レンダリング] をクリックすると、レンダリングが開始されます。レンダーキューには複数のキューを追加しておくことができるので、解像度違いのムービーファイルをいくつも作りたいときなど非常に便利な機能です。

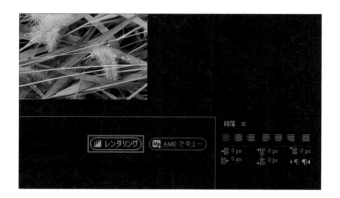

コラム | Adobe Media Encoderを使ったレンダリング

CC 2023以前のバージョンでは、[レンダーキュー] パネルの [出力モジュール] の設定において、YouTubeなどで一般的に使用されるH.264コーデックが、どのファイル形式からも選択することができないことがあります。

H.264コーデックを使用したい場合は、出力するコンポジットを選択して、[コンポジション] メニューの [Adobe Media Encoderキューへ追加] を選択すると、アドビ社のエンコーダーアプリであるAdobe Media Encoder（AME）が起動して、自動的にキューが追加されます。

AMEでは、H.264の他にも、さまざまなソーシャルメディアに対応したコーデックや、DVDやBlu-ray用の出力プリセットなどが多数用意されていので、レンダーキューに用意されていないファイル形式やコーデックが必要な場合は、AMEにキューを追加してレンダリングすると良いでしょう。

コラム | ムービーファイルの形式（コーデック）について

QuickTimeやAVIといったムービーファイルには、それぞれコーデックと呼ばれる映像を圧縮する際のアルゴリズムが複数用意されています。コーデックの違いによって出力されるムービーの画質が変わってくるので、用途に応じた選択を行います。ファイルの拡張子が同じでも、使用しているコーデックによっては再生できない場合もあるので注意します。

映像にテロップをいれてみよう

画面に挿入されるテキストはテロップと呼ばれ、
YouTubeなどの番組制作には欠かせない要素です。
この章では画面にテロップを追加する方法をイチから
解説します。

01 静止テキストを使ったテロップの作成

動画コンテンツを作成する場合、文字を映像に使用したいことは非常によくあります。ここでは、まず一番簡単に文字を合成する方法を解説します。

事前準備をする

1 フッテージを配置する

テキストレイヤーの解説に入る前に、新たなコンポジションを作成して、図の様なフッテージをレイヤーとして配置しました。コンポジションは1920×1080ピクセルの解像度で作成しています。フレームレートやデューレション、背景色は任意で構いません。

使用ファイル：_MG_2309.JPG

2 セーフゾーンを表示する

画面レイアウトのガイドとして、［コンポジション］パネルの下の 🔲 をクリックして［タイトル/アクションセーフ］を選び、ガイドを表示しておきます。

タイトル/アクションセーフゾーンは、映像をモニターに表示したときに必ず表示される範囲が示されています。Webや液晶モニターで表示する場合は、作成したコンポジションの100%の範囲が表示されますが、ブラウン管テレビや、一部液晶テレビではフレームの周辺域がカットされてしまう恐れがあるので、放送で使用される映像は必ずこのセーフゾーン内にテキストなどは収まるように配置します。

アクションセーフゾーン（フレーム90％内側）

タイトルセーフゾーン（フレームの80％内側）

センターカットアクションセーフゾーン（フレームを4：3の比率にするために左右をカットした場合のアクションセーフゾーン）

センターカットタイトルセーフゾーン（フレームを4：3の比率にするために左右をカットした場合のタイトルセーフゾーン）

セーフゾーンはどこまで気にするべき？

放送用途以外ではあまり気にする必要はありませんが、やはりフレームギリギリに配置された文字はデザイン的にあまり格好いい感じにはならないので、セーフゾーンに合わせるとよいでしょう。

テキストレイヤーを作成する

1 テキストツールを選択する

コンポジションにテキストを合成するには、テキストレイヤーを作成する必要があります。まず、画面左上の［テキストツール］のアイコンをクリックしてオンにします。

2　テキストレイヤーを作成する

[テキストツール]でコンポジション上をクリックすると、その場所に入力キャレットが表示されます。同時に[タイムライン]パネルには、テキストレイヤーが作成されます。まだテキストレイヤーに文字が入力されていないので、ソース名は「空白のテキストレイヤー」になっています。

3　テキストを入力する

テキストを入力するには、入力キャレットが表示された状態で、キーボードからテキストを入力します。必要なテキストを入力して[enter]キーを押すと確定されます。設定により、右図とは見た目が異なることがあります。[タイムライン]パネルに作成されたテキストレイヤーには、入力したテキストがソース名として表示されます。

テキストを変更する

1　[文字]パネルを表示する

テキストレイヤーに入力されたテキストは、さまざまに編集することができます。テキストのフォントや大きさ、装飾を編集するには、[文字]パネルを使用します。

ワークスペースに[文字]パネルが表示されていない場合は、[ウィンドウ]メニューから[文字]を選択するか、ワークスペースを[テキスト]に切り替えます。

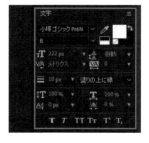

2　テキスト全体のフォントを変更する

まずは、入力したテキスト全体のフォントを変更してみます。
テキスト全体のフォントを変更するには、[選択ツール] で [コンポジション] パネル、もしくは
[タイムライン] パネルでテキストレイヤーをクリックして選択します。選択したら [文字] パネ
ルの [書体] の部分をクリックして、変更したいフォントを選択します。フォントを選択すると、
選択したテキストレイヤーに入力されているテキスト全体のフォントが変更されます。

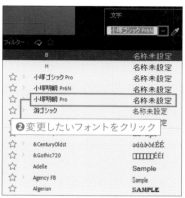

テキストの大きさを変える

1　[フォントサイズの設定] を変更する

テキストの大きさを変更するには、テキストレイヤーを選択した状態で、[文字] パネルの [フォ
ントサイズの設定] の数値で変更します。数値の変更の仕方は数値の部分をクリックして直接
値を入力するか、数値の右にある▼をクリックして表示されるサイズのリストからサイズを選択
します。

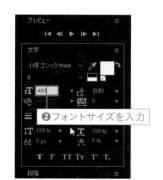

テキスト全体の文字間隔を変更する

1 ［選択した文字のトラッキングの設定］を変更する

選択したテキストレイヤー全体の文字の間隔を調整したい場合は、［文字］パネルの［選択した文字のトラッキングの設定］（ＶＡ）の値を調整します。

値は数値をクリックして直接数値を入力するか、数値の右側にある▼をクリックして数値のリストから必要な数値を選択します。数値が「0」のときは、そのフォントに設定されているデフォルトの間隔で設定されています。

2 文字間隔を変更した

値が正の方向に大きくなっていくと文字の間隔が広がり、負の方向に小さくしていくと文字の間隔が狭くなっていきます。図の上が「100」、下が「-100」に設定した状態です。

トラッキングとカーニングの違い

文字の間隔を調整するにはトラッキングとカーニングがあります。同じようなものですが、トラッキングはテキスト全体で間隔を設定し、カーニングは一部分の間隔を設定するという違いがあります。

テキストの色を変更する

［塗りのカラー］をクリック

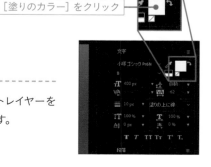

1 ［塗りのカラー］をクリックする

テキストレイヤーに入力されたテキストの色を変更するには、テキストレイヤーを選択した状態で、［文字］パネルの［塗りのカラー］をクリックします。

2 色を選択する

［カラーピッカー］のウィンドウが表示されるので色を選択します。

カラーピッカーではいくつかの色の選択方
法があります。［カラーフィールド］を使う
場合は［カラースライダー］で色相を決め
たら、［カラーフィールド］で使用する色の
位置をクリックします。

数値で色を決めたい場合は、［H（色相）：
S（彩度）：B（明度）］を数値で入力す
るか、［R（赤）：G（緑）：B［青］の値
を数値で入力します。

HSBでの指定

RGBでの指定

❶カラースライダーで色相を選択

❷カラーフィールドで使用色を決定

3 テキストの色が変わった

［カラーピッカー］で色を選択したら、OK
をクリックすると、選択していたテキストの
色が変更されます。

テキストの縁色を変更する

1 ［縁のカラー］をクリックする

テキストの縁は、色と太さを変更すること
ができます。縁色を変更するには、［文字］
パネルの［縁のカラー］をクリックします。

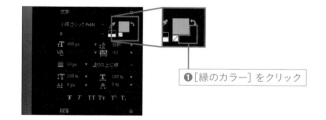

❶［縁のカラー］をクリック

2 テキストの縁色を選択する

縁色の選択方法は、文字色の選択方法と
同じです。［カラーピッカー］が表示され
るので縁色に指定したい色を選択します。

❷使用色を決定

3 テキストの縁色が変わりました

[カラーピッカー] のOKをクリックすると選択しているテキストレイヤーの文字の縁色が替わります。

テキストの縁の幅を変更する

1 「線幅を設定」を変更する

テキストに付いている縁の幅も変更することができます。線の幅を変更するには、「線幅を設定」の数値を変更します。

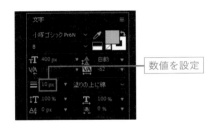

数値を設定

数値が大きくなるほど線幅が太くなっていきます。下図は左が10px、右が20px。

「線幅を設定」が10pxの場合

「線幅を設定」が20pxの場合

2 線と塗りの重ねを変更する

テキストの線と塗りは、重ねる順番を変えることで、テキストの印象が変わります。重ね順は、「線幅の設定」の右にあるリストから選択します。
重ねる順番は「塗りの上に線」、「線の上に塗り」、「全体の線の上に全体の塗り」、「全体の塗りの上に全体の線」の4つのパターンが用意されています。

「塗りの上に線」

「全体の線の上に全体の塗り」

「線の上に塗り」

「全体の塗りの上に全体の線」

テキストのフォントや色を文字単位で変更する

1 テキストを文字単位で選択する

フォントの変更や文字色の変更は、テキストレイヤー単位ではなく、文字単位で変更することができます。

文字単位で選択したい場合は、[コンポジット]パネルに配置されているテキストレイヤーをダブルクリックします。ダブルクリックするとテキストが編集できる状態になるので、編集したい文字をドラッグして選択します。

❶ダブルクリック

❷テキストが編集できるようになる

❸編集したい文字だけを選択

2 1文字だけフォントを変える

変更したい1文字だけを選択した状態で、[文字]パネルでフォントを変更すると、選択されている文字だけが変更されます。

3 1文字だけ文字色を変える

1文字だけ色を変更したい場合は、変更したい文字を選択した状態で、「塗りのカラー」をクリックして、カラーピッカーで色を選択します。すると1文字だけ塗りの色を変更することができます。線の色を変更する場合も同様の手順で変更することができます。

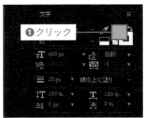

4 部分的に文字間を変更する

複数文字にわたって選択すると、その部分だけ文字の間隔を変更することができます。
フォントを部分的に変更している場合では、フォントごとに文字間の設定が違っているのできれいに見せるために必ず同じ文字間になるように調整します。

文字間を調整するには、調整したい文字間をクリックしてキャレットを挿入し、[文字]パネルの[文字間のカーニング]の値を調整します。

カーニングの値は値が小さくなると狭く、大きくなると広がっていきます。値の他にフォントに設定されたカーニングを使用する「メトリクス」と、異なるフォントの組み合わせでも文字の形状を基にしてカーニングを自動調整する「オプチカル」の設定があります。

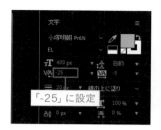

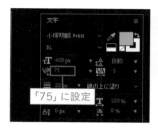

複数行のテキストを作成する

1 改行を含む複数行のテキストを作成する

テキストレイヤーでは、複数行で構成されたテキストも作成することができます。テキストを複数行にするには、改行したいところで [enter] キーを押せば改行することができます。作例では、「テキストレイヤーでは、」で [enter] キーを押して改行しています。

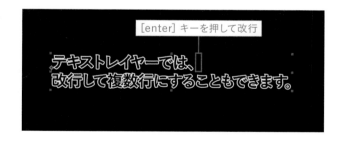

2 行間の幅を変更する

行間の幅を変更するには、[文字] パネルの [行送りの設定] で行間の幅を設定します。デフォルトはフォントの情報を基に設定された「自動」になっています。

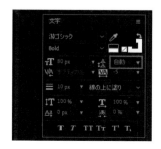

ここではテキストレイヤーを選択した状態で設定してみます。

行送りの値はpxになっており、前行のキャップライン（フォントの上の位置）から次行のキャップラインの位置までの幅のpx数になります。

作例は文字サイズが「80px」に設定されたテキストです。図はそれぞれ、[行送りの設定]を「自動」、「40」、「100」に設定したものです。

「自動」

「40」

「100」

段落の設定を変更する

1 行揃えを変更する

テキストが複数行にわたる場合、行揃えを変更することができます。

行揃えは、[段落]パネルで変更することができます。テキストレイヤーを選択した状態で、「右揃え」、[中央揃え]、[左揃え]のアイコンをクリックすると、行揃えを変更することができます。

「左揃え」

「中央揃え」

「右揃え」

2 インデントを調整する

複数行になっているテキストレイヤーでは
行頭のインデント（行頭の空きの間隔）
を調整することができます。

例えば2行目の行頭に空きを入れたい場
合は、2行目の先頭をクリックして入力キャ
レットを挿入して、[段落] パネルの [左
インデント] の値を大きくすると、行頭が
下がっていきます。

キャレットを挿入

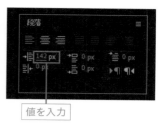

値を入力

行長が決まったボックスにテキストを入力する

1 ガイドを作成する

テキストレイヤーでは、テキストボックスを作成して、長めのテキストをコンポジションに配置することができます。

テキストボックスを作成する前に、[コンポ
ジション] パネルの下部にある [グリッド
とガイドのオプション設定] のアイコン
（ ）をクリックして、[定規] を選択し、
[コンポジション] パネルに表示された定
規の部分からドラッグして、テキストボック
スを作成したい位置にガイドを作成してお
きます。

❶クリック

❷選択

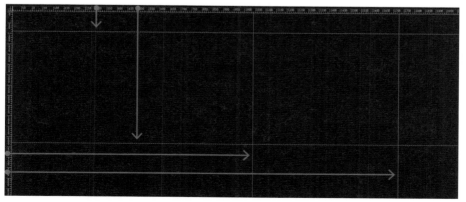

定規の部分からドラッグしてガイドを作成 (ガイドが見やすいように図を明るく加工しています)

2 テキストボックスを作成する

[横書き文字ツール] を選択して、ガイドの左上をクリックしそのままガイドの右下までドラッグしていきます。ドラッグすると、ドラッグした大きさのテキストボックスが作成されます。

❶[横書き文字ツール] を選択

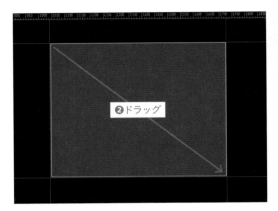

❷ドラッグ

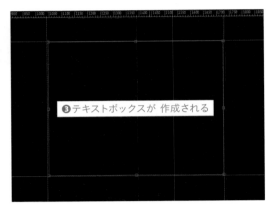

❸テキストボックスが 作成される

3 文字を入力する

テキストボックスが作成できたら、文字を入力していきます。
長い文章の場合には、テキストエディタなどで事前にテキストを入力しておき、そのデータをコピーして、テキストボックスにペーストすると効率良くテキストを入力することができます。
テキストボックスにテキストを入力すると、ボックスの幅で自動的にテキストを折り返すことができます。

テキストボックスでは、ボックスの幅で自動的にテキストを折り返すことができます。

テキストボックスの幅で 折り返される

4 テキストボックスの幅を変更する

作成したテキストボックスの幅や高さは後からでも自由に変更することができます。
ボックスの大きさを変更するには、ボックスに表示されているハンドルをドラッグします。ボックスの角にあるハンドルをドラッグすると、ドラッグした方向に自由に大きさを拡大縮小することができます。

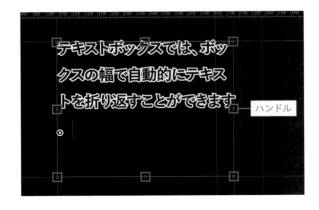

テキストボックスでは、ボックスの幅で自動的にテキストを折り返すことができます。

ハンドル

ボックスの各辺の中央にあるハンドルをドラッグ
すると、横の辺であればボックスの高さを拡大
縮小することができ、縦の辺のハンドルをドラッ
グするとボックスの幅を拡大縮小することができ
ます。

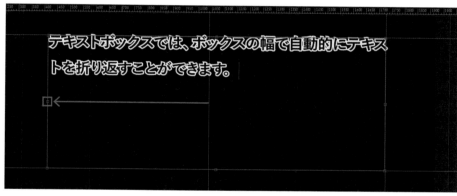

ガイド位置の編集と削除

［コンポジション］パネルに設定したガイドを消すには、［選
択ツール］でガイドをコンポジションの外までドラッグします。

また、ガイドを右クリックして［位置を編集］を選択するこ
とで、正確な位置にガイドを引くことができます。

テキストの影を作成する

作成したテキストレイヤーに影をつけるだけで、画面から浮き出たような奥行き感のある
あるテロップを作成することができます。ここでは、レイヤースタイルを使ったテキストの
影の作成方法を解説します。

ドロップシャドウでテキストの影を作成する

1 テキストにレイヤースタイルを適用する

テキストレイヤーに影を付けたい場合は、レイヤースタイルの［ドロップシャドウ］を使用すると
簡単です。
レイヤーには、白い平面レイヤー（［レイヤー］メニューから［新規→平面...］を選んで作成）と、
塗りが黒、白の縁が付いたテキストレイヤーが配置されています。テキストレイヤーにレイヤース
タイルを設定するには、テキストレイヤーを選択して、「レイヤー」メニューの「レイヤースタイル」
から「ドロップシャドウ」選択します。

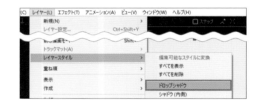

2 テキストに影が付いた

レイヤースタイルの「ドロップシャドウ」をテキストレイヤーに適用すると、図の様に、テキスト
に影が作成されます。レイヤースタイルは、選択したレイヤー全体に対して、装飾的なエフェク
トを作成するための機能です。Photoshopにあるレイヤースタイルと互換性があります。

3 「ドロップシャドウ」のプロパティを表示する

レイヤースタイルの設定は、レイヤースタイルを適用したレイヤーのレイヤープロパティで編集します。

[タイムライン]パネルでレイヤーの左にある[>]をクリックしてプロパティを表示し、「レイヤースタイル」プロパティの[>]をクリックして、「レイヤースタイル」プロパティを展開し、さらにレイヤースタイルにある「ドロップシャドウ」を開いてプロパティを表示します。

4 影の位置を設定する

ドロップシャドウで作成される影の位置を変更するには、ドロップシャドウの[角度]と[距離]のプロパティを使用します。

[角度]は影が落ちる方向、[距離]は影がテキストからどれぐらい離れた位置に落ちるのかを設定します。

図では[角度]を「120°」に固定し、[距離]をそれぞれ「5.0」、「50」、「100」に設定しました。

「距離：5.0」

「距離：50」

「距離：100」

5 影の濃さを設定する

ドロップシャドウの影の濃さは、デフォルトではかなり濃い色になっているので、[不透明度]の値を小さくして影を薄くすることができます。図は[不透明度]を「30%」に設定した状態です。

6 影をぼかす

影をぼかす場合は、[サイズ]の値を調整します。値が大きくするとボケの幅が大きくなっていきます。

[サイズ]の調整と同時に、影の輪郭を太らせる[スプレッド]の値を調整すると影の面積を調整することができるので、影の形をはっきりさせたくないような場合に便利です。

「サイズ：30%」

「サイズ：30%、スプレッド：40%」

7 影の色を変更する

影の色も変更することができます。色を変更するには、[ドロップシャドウ]の「カラー」をクリックして、表示されるカラーピッカーで変更したい色を選択します。

立体的なテキストを作成する

03

作成したテキストにハイライトや陰影を付けることで、擬似的に立体風のテキストを作成することができます。テキストにハイライトや陰影を付けるには［レイヤースタイル］の［ベベルとエンボス］を使用します。

［ベベルとエンボス］でテキストに陰影をつける

1 テキストにレイヤースタイルを適用する

テキストレイヤーに入力されているテキストに擬似的な凹凸を付けたい場合は、レイヤースタイルの［ベベルとエンボス］を使用します。テキストレイヤーを選択して、［レイヤー］メニューの［レイヤースタイル］から［ベベルとエンボス］を選択します。

2 スタイルを設定する

［ベベルとエンボス］はどのような凹凸にするのか［スタイル］を設定することができます。
［スタイル］には、「ベベル（外側）」、「ベベル（内側）」、「エンボス」、「ピローエンボス」、「エンボスの境界線を描く」が用意されています。

「ベベル（外側）」

「ベベル（内側）」

「エンボス」

「ピローエンボス」

「エンボスの境界線を描く」

3 「ベベル（内側）」を編集する

ここでは「ベベル（内側）」を例にレイヤースタイルの設定を行ってみます。「ベベル（内側）」はテキストの内側が盛り上がっているように見せるスタイルなので、凹凸感のあるテキストを作成するには最適なスタイルです。

まずは［ベベルとエンボス］プロパティの［スタイル］を「ベベル（内側）」に設定します。

4 文字の凹凸の程度を設定する

テキストに適用されている凹凸の程度を調整するには、［深さ］と［サイズ］の値を調整します。

［深さ］はベベルの奥行き感を設定します。値を大きくするとベベルの陰影部分が強調されます。［サイズ］はベベルの幅の設定です。値が大きくなるとベベル部分の幅が太くなります。あまり大きくすると、ベベルの形状が曖昧になってしまうので注意します。

「深さ：100%」、「サイズ：10」

「深さ：300%」、「サイズ：50」

5 ベベルの形状を変更する

［テクニック］を切り替えるとベベルの形状を変更することができます。
［テクニック］には、［滑らかに］、［ジゼルハード］、［ジゼルソフト］があります。
丸く盛り上げたいのなら［滑らかに］、ベベルの角を鋭角にしたいのであれば［ジゼルソフト］または［ジゼルハード］を選択します。
図は［深さ］「100%」、［サイズ］「25」の設定で、それぞれ［テクニック］を変更しています。

「滑らかに」

「ジゼルハード」

「ジゼルソフト」

テキストアニメーションを
作成しよう

作成したテキストレイヤーにはさまざまなアニメーションを追加することができます。ここでは、テキストレイヤーをアニメーションさせる方法を解説します。

01 画面を流れるテロップの作成

静止したテキストの作成方法がわかったところで、次に画面を流れていくテロップ用のテキストを作成していきます。レイヤーの基本的な動かし方を覚えましょう。

テキストレイヤーをアニメーションさせる

1 コンポジションを作成する

テキストレイヤーを作成する前に、コンポジションを作成します。［コンポジション］メニューから［新規コンポジション］を選んで作成します。ここでは解像度を1920×1080ピクセル、デュレーションを5秒、FPSは29.97に設定しています。

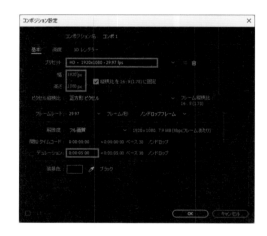

2 テキストレイヤーを作成する

コンポジションを作成したら、［タイトル/アクションセーフ］を表示して（❶）、ツールバーにある［横書き文字ツール］を選択し（❷）、コンポジション上でクリックしてテキストレイヤーを作成します（❸）。

❷クリック

❸クリック

❶クリックして［タイトル/アクションセーフ］を選択

3 文字を入力する

テキストレイヤーが作成されると、テキスト
入力のキャレットが表示されるので、文字
を入力します。図のようなテロップの場合、
［文字］パネルで文字のサイズを「48px」
程度の大きさに設定すると読みやすさや画
面のバランスがよくなります。

4 テキストが動き始める位置に 移動させる

ここでは、入力したテキストが画面外から
画面中央まで動くフレームインの動きを作
成します。
まずは、［選択ツール］で文字を入力した
テキストレイヤーをドラッグして、コンポジ
ションの右下外に配置します。

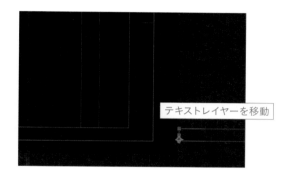

テキストレイヤーを移動

5 時間インジケータを 0秒に移動する

テキストレイヤーを移動したら、［タイムラ
イン］パネルで時間インジケータを0秒の
位置に移動させます。

6 位置にキーフレームを作成する

［タイムライン］パネルでテキストレイヤーの［トランスフォーム］プロパティを表示し（❶、❷）、
［位置］プロパティのストップウォッチアイコンをクリックして（❸）、0秒にキーフレームを作成
します。

❶クリック
❷クリック
❸クリック
❹キーフレームが作成される

7 時間インジケータを 2秒の位置に移動する

次に時間インジケータを2秒の位置にド
ラッグして移動させます。

8 テキストレイヤーを移動する

時間インジケータを移動させたら、テキストレイヤーをコンポジション下部の中央に移動させま
す。レイヤーを移動すると自動的にキーフレームが作成されます。

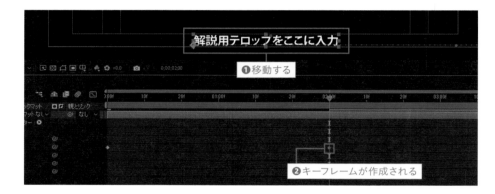

9 キーフレームを手動で追加する

1秒間テロップの動きを止めた後、左に動いて画面外へフレームアウトしたいので、時間イン
ジケータを3秒の位置に移動します（❶）。
ここではレイヤーは動かさないので、キーフレームは自動的に作成されません。そこで、［位置］
プロパティの左にある［キーフレームを加える］スイッチ ◆ をクリックしてキーフレームを作成し
ます（❷、❸）。

10 時間インジケータを5秒の位置に移動させる

5秒目でテキストレイヤーを画面外まで動かしたいので、タイムラインの時間インジケータを5秒の位置にドラッグして移動します。

11 テキストレイヤーを画面外まで移動させる

テキストレイヤーをコンポジションの画面外へ移動させます。移動させるときはキーボードの左矢印キーを押して移動させるか[Shift]キーを押しながら移動すると真っ直ぐテキストレイヤーを移動させることができます。

テキストレイヤーを移動する

12 アニメーションを確認する

時間インジケータを先頭に移動させてから[プレビュー]パネルで▶をクリックしてプレビューを再生すると、右から左へテキストが流れるアニメーションが再生されます。

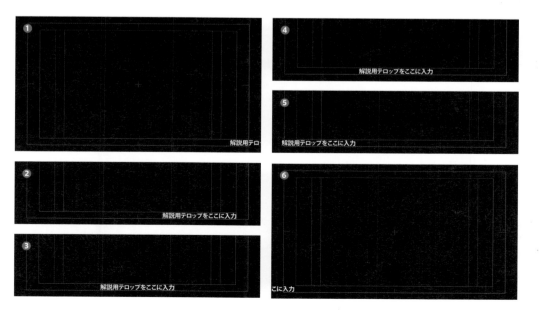

テキストの背景に色を敷く

1 長方形ツールを選択

テキストを目立たせるために、テキストの
後ろに色を敷きます。
ここでは、[長方形ツール]を使って帯を
作成してみます。[タイムライン]パネルで
レイヤーが選択されていないことを確認し
て、[長方形ツール]を選択します。

2 コンポジション上で長方形ツールでドラッグ

アニメーションを作成したテキストレイヤーが乗る位置と幅を目安に、[長方形ツール]でコン
ポジション上をドラッグします。

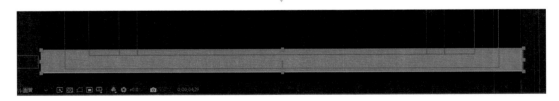

3 シェイプの色を変更する

作成したシェイプの色を変更します。色を変更するには、ツールバーの[塗り]と[線]を使
う方法と、[タイムライン]パネルに作成されたシェイプレイヤーの[塗り]と[線]のプロパティ
を編集する2つのやり方があります。

ツールバー

[タイムライン]パネル

4 ツールバーで シェイプの色を変更する

まずはツールバーでシェイプの色を変更してみます。
[コンポジション]パネルで作成したシェイプを選択すると、ツールバーに[塗り][線]のアイコンが表示されます。[塗り]のカラーをクリックすると（❶）、カラーピッカーが表示されるので、変更したい色を選択します（❷）。色を選択すると、選択されているシェイプの色もリアルタイムで変化します（❸）。

5 縁の色を変更する

シェイプに表示されている縁の色も[線]のカラー（❶）を変更することで変えることができます。
線の幅もカラーの右側にある数値（❷）を変更することで太さを変えることができます（❸）。
線を表示したくない場合は、線の幅を0pxに設定します。

6 レイヤーパラメータで[塗り]と[線]を変更する

[タイムライン]パネルでシェイプレイヤーのレイヤーパラメータを使用すると、ツールバーで設定するよりも細かく[塗り]や[線]を設定することができます。

レイヤーパラメータを編集するには、[タイムライン]パネルでシェイプレイヤーの[>]をクリックして展開し、[コンテンツ]の[>]をクリックして展開すると、長方形のプロパティが表示されます。

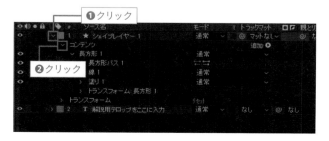

7 [塗り]の設定を編集する

[塗り]のプロパティには、複数のシェイ
プがある場合の塗りの重ね順を設定する
[コンポジット]、複数のシェイプが重なっ
たときにどの部分に塗りが表示されるのか
を設定する[塗りの規則]、塗りの色を設
定する[カラー]、塗りの不透明度を設定
する[不透明度]のプロパティが用意され
ています。

[塗り]の設定はツールバーと同様ですが、
[不透明度]を設定することで、背景の色
が透けるような塗りを行うことができます。
図は効果がわかりやすいように一番下のレ
イヤーに写真のフッテージを追加し、[不
透明度]を「50%」に設定しました。

※確認したら元に戻してください

8 [線]プロパティを編集する

[線]のプロパティには、[カラー]や[線
幅]の他にも、線を点線にする[破線]や、
1本の線の中で太さを変化させる[テー
パー]、波状に線幅を変形させる[波]が
用意されています。

ここでは仮に[カラー]を「白」、[線幅]
を「30」に設定し、[波]の[量]を
「60」、[波長]を「80」、[フェーズ]を
「0x 90」に設定しました。

[フェーズ]の値にキーフレームを作成する
と、波が長方形の周りを回る様なアニメー
ションを作成することができます。

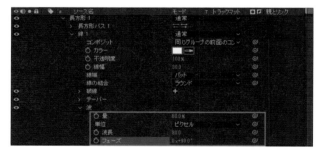

※確認したら元に戻してください

帯の中だけテキストが表示されるようにする

1 帯のサイズを変更する

テロップのアニメーションやシェイプレイヤーを使った帯が作成できたところで、作成した帯の
範囲だけにテキストが表示されるように編集します。

まずは、帯のサイズをシェイプレイヤーの[長方形]の[トランスフォーム:長方形1]で[スケール]の値を調整して、帯の大きさを編集します。
値の左にあるチェーンのアイコンをクリックしてオフにすれば（❶）、X方向、Y方向それぞれ異なるスケールを設定することができます（❷）。ここでは「X」を「80」に設定しました。

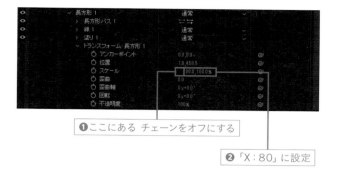

❶ここにある チェーンをオフにする

❷「X：80」に設定

2 レイヤーの順番を変更する

背景のレイヤーを一番下、帯のシェイプレイヤーをその上、アニメーションを付けたテキストレイヤーを一番上に配置します。

3 テキストレイヤー用のマスクレイヤーを作成する

テキストレイヤーが帯の範囲だけに表示されるように、マスク用のレイヤーを作成します。
ここでは、帯のシェイプレイヤーを選択し、[Ctrl+D] キーを押すか、[編集] メニューから[複製]を選択して、シェイプレイヤーを複製します。

❶選択して[Ctrl+D] キーを押す

❷複製された

4 複製したレイヤーを移動する

複製されたシェイプレイヤーを選択して、テキストレイヤーの上部にドラッグ＆ドロップ移動します。

マスク用レイヤーの位置

バージョン 2022以前では、マスク用のレイヤーをマスク対象よりも上部に配置する必要があったため、ここでも上部に配置していますが、2023では実際には移動は不要です。

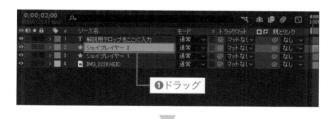

❶ドラッグ

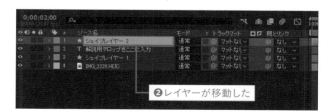

❷レイヤーが移動した

5 トラックマットを利用する

複製したシェイプレイヤーをテキストレイヤーのマスクとして使用するには、トラックマットの機能を利用します。

トラックマットは、マスク用のレイヤーのアルファチャンネルやルミナンス情報を利用して、レイヤーをマスクする機能です。

トラックマットを利用するには、テキストレイヤーの［トラックマット］をクリックして、表示されるリストの中から「シェイプレイヤー 2」を選択します。そして、右にあるマットの種類を変更するスイッチをクリックして「アルファマット」に切り替えます。

選択すると、マスクとして設定したレイヤーは非表示の状態になります。

バージョン 2022以前では？

バージョン 2022以前のAfter Effectsでは、［トラックマット］から［アルファマット：シェイプレイヤー 2」を選びます。

トラックマットが選べない場合

トラックマットがパネルに表示されていない場合は、パネルの左下で「転送制限を表示または非表示」をクリックします。

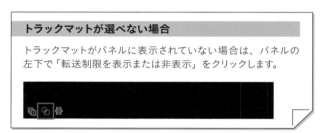

6 テキストレイヤーがマスクされた

プレビューを再生すると、テキストレイヤーが帯の範囲だけ表示されるようになります。

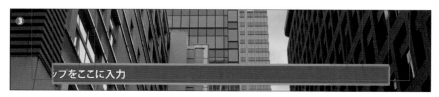

7 マスクの範囲を調整する

複製したシェイプレイヤーをマスクとして使用しているので、帯の端ギリギリまでテキストが表示
されています。そこでマスクをぼかして帯の少し内側でテキストが隠れるように調整します（❶）。

アルファマットの範囲を拡張縮小するには、
［チョーク］エフェクトを使用するのが簡
単です。まずはテキストレイヤーのトラック
マットとして指定しているシェイプレイヤー
を選択します（❷）。

8 ［チョーク］エフェクトを
適用する

［チョーク］エフェクトを選択したレイヤー
に適用するには、［エフェクト］メニューの
［マット］から［チョーク］を選択します。

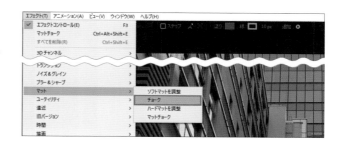

9 アルファチャンネルの領域を拡張する

［エフェクトコントロール］パネルが開くの
で、ここでエフェクトの値を調整します
（❶）。［チョーク］エフェクトの［チョー
クマット］の値を大きくしていくと、アルファ
チャンネルの領域が拡張され、マスクされ
ている部分が縮小します。

［コンポジション］パネルのテキストレイ
ヤーの状態を確認しながら、テキストレイ
ヤーが帯の端から少し内側の位置で消え
るように値を調整します（❷）。ここでは
［チョークマット］を「60」に設定しました。

02

徐々に現れるタイトルの作成

ここでは、画面に徐々に現れるタイトルアニメーションを作成してみます。徐々に現れる表現は、レイヤーの不透明度をアニメーションさせます。ブラーでぼかしたり、ディストーション系のエフェクトを適用したりすることで、さまざまなバリエーションを作成できます。

テキストレイヤーが徐々に現れるアニメーション

1 コンポジションを作成する

まず、アニメーションを作成するためのコンポジションを作成します。ここでは、5秒のフルHD解像度のコンポジションを作成しました。

2 テキストレイヤーを作成する

次に、アニメーションさせるタイトルを、テキストレイヤーで作成します。作例ではフォントを「小塚ゴシックPro」、サイズを「300」、トラッキングを「-5」に設定しています。

3 タイムラインの 時間インジケータを移動する

テキストレイヤーが作成できたら、[タイムライン] パネルの時間インジケータを0秒に移動して、テキストレイヤーのレイヤープロパティの [トランスフォーム] プロパティを開きます。

4 [不透明度] プロパティに キーフレームを作成する

[トランスフォーム] プロパティにある [不透明度] のストップウォッチのスイッチをクリックしてオンにします。

5 [不透明度] の値を0に設定する

[不透明度] の値を「0」に設定して、コンポジション上でタイトルを透明化します。

6 時間インジケータを3秒に移動する

次にタイムラインの時間インジケータを3秒の位置に移動させて、[不透明度] の値を「100」に設定します。

7 タイトルが徐々に現れる
アニメーションが作成された

コンポジションをプレビューすると徐々にタイトルが現れるアニメーションが再生されます。

アニメーションにボケを加える

1 ブラー（ガウス）でボケを加える

単純に不透明度が変化してタイトルが現れるだけでは、雰囲気が硬いので、［ブラー（ガウス）］エフェクトを使ってぼんやりとタイトルが現れるようにアニメーションを加工していきます。

［不透明度］の値にアニメーションを設定したテキストレイヤーを選択して、［エフェクト］メニューの［ブラー＆シャープ］から［ブラー（ガウス）］を選択します。

2 テキストに［ブラー（ガウス）］
エフェクトが適用される

テキストレイヤーのレイヤープロパティに［エフェクト］プロパティが追加され、その中に［ブラー（ガウス）］のプロパティも追加されます。

また、エフェクトが適用されたレイヤーを選択した状態で［エフェクトコントロール］パネルを表示すると、［ブラー（ガウス）］がリストされています。

3 ［ブラー（ガウス）］エフェクトをアニメーションさせる

［ブラー（ガウス）］にキーフレームを設定して、ボケている状態から徐々にはっきりとした輪郭になるようなアニメーションを作成してみます。

［タイムライン］パネルの時間インジケータを0秒に移動して（❶）、［エフェクトコントロール］パネルで、［ブラー（ガウス）］の［ブラー］プロパティのストップウォッチのスイッチをクリックしてキーフレームを作成します（❷）。［ブラー］の値は「500」に設定しました（❸）。

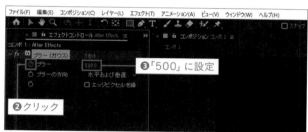

4 3秒目で［ブラー］の値を「0」にする

次にテキストレイヤーの［不透明度］の値を「100」に設定した、3秒の位置に時間インジケータを移動して、［エフェクトコントロール］の［ブラー］の値を「0」に設定します。なお、［エフェクトコントロール］の［エッジピクセルを繰り返す］にチェックが入っている場合は外しておきます。

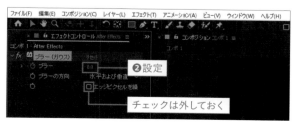

5 フォーカスが合いながら現れる アニメーションが再生される

コンポジションをプレビューすると徐々にタイトルが現れるアニメーションが再生されます。

文字を変形させてボケに動きを加える

1 [タービュレントデスプレイス] エフェクトを適用する

ブラーによるぼかしのアニメーションが作成できたところで、[タービュレントディスプレイス]エフェクトを使ってボケを変形させて、ボケに動きを加えてみます。
エフェクトを適用するために、テキストレイヤーを選択して、[エフェクト]メニューの[ディストーション]から[タービュレントディスプレイス]を選択します。

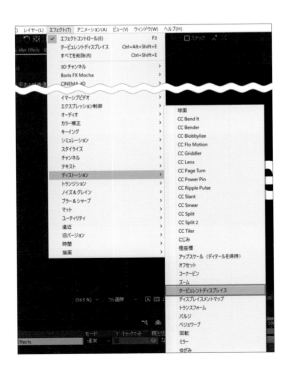

2 ［変形］で歪みのパターンを選択する

［タービュレントディスプレイスメント］はレイヤーの内容（ここではテキスト）を乱流状に変形させます。
［変形］には、映像を歪ませるパターンが9パターン用意されています。次の図は代表的な3種類です。

［タービュレント］は渦がいくつも合成されたような歪みになります。

「変型：タービュレント」

［バルジ］は膨張するような歪みです。

「変型：バルジ」

［ツイスト］は渦を巻くような変形を行うことができます。

ここでは、［タービュレント］を使って動きを作成していきます。

「変型：ツイスト」

3 プロパティを編集する

テキストレイヤーにはすでにアニメーションが作成されている状態なので、アニメーションが停止する3秒の位置に時間インジケータを移動して（❶）、［タービュレントディスプレイス］のプロパティを編集していきます。

ここでは、［量］を「0」、［サイズ］を「120」、［複雑度］を「1.2」、［展開］を「0x 270.0」に設定しました（❷、❸）。

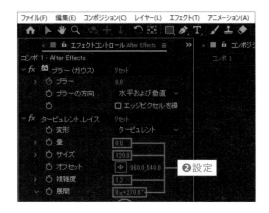

4 プロパティにキーフレームを作成する

値を変更した［量］、［サイズ］、［複雑度］、［展開］のストップウォッチのアイコンをクリックしてキーフレームを作成します。

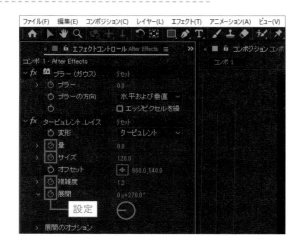

5 プロパティに2つ目のキーフレームを作成する

タイムラインの時間インジケータを0秒の位置に移動します。

そして、[量]を「100」、[展開]を「0x
0.0」に設定します。

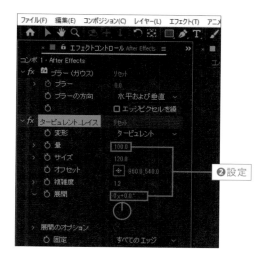

❷設定

6 アニメーションを再生する

アニメーションを再生すると、揺らぎなが
ら現れるテキストのアニメーションが再生
されます。

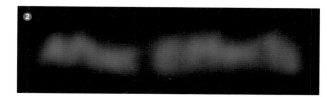

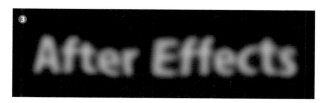

03 画面から遠ざかるタイトルの作成

ここでは、タイトルが徐々に画面内で遠ざかっていくアニメーションを作成します。遠ざかっていく効果は、さまざまな方法で作成できますが、ここでは［スケール］を使った方法を解説します。

アンカーポイントを変更する

1 コンポジションを作成する

まず、アニメーションを作成するためのコンポジションを作成します。ここでは、5秒のフルHD解像度のコンポジションを作成しました。

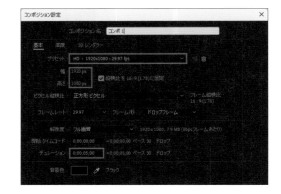

2 テキストレイヤーを作成する

アニメーションさせたいテキストレイヤーを作成します。作例ではフォントを「小塚ゴシックPro」、サイズを「300」、トラッキングを「-5」に設定しています。

3 [アンカーポイントツール] を選択する

レイヤーの［スケール］プロパティは、レ
イヤーのアンカーポイントを中心にスケー
ルを変更します。
そのためまずはテキストレイヤーのアンカー
ポイントを調整します。テキストレイヤーを
選択した状態で、ツールバーで［アンカー
ポイントツール］■を選択します。

4 アンカーポイントを移動する

［アンカーポイントツール］を使ってテキス
トレイヤーのアンカーポイントを移動します。
テキストレイヤーを選択すると、左下にア
ンカーポイントが表示されます。
このアンカーポイントを［アンカーポイント
ツール］を使って、テキストレイヤーの中
心にドラッグして移動させます。

移動する

正確にアンカーポイントを中央に配置するには

正確にアンカーポイントをレイヤーの中心に移動させたい場合は、［レイヤー］メニューの［トランスフォーム］から
［アンカーポイントをレイヤーコンテンツの中央に配置］を選択します。

［スケール］にキーフレームを設定する

1 ［スケール］のストップウィッチアイコンをオン

タイムラインの時間インジケータを0秒の
位置に移動し（❶）、テキストレイヤーの
［トランスフォーム］プロパティを展開して、
［スケール］プロパティのストップウォッチ
アイコンをクリックします（❷）。

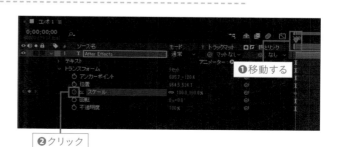

❶移動する

❷クリック

2 [スケール] の値を小さくする

次に、タイムラインの時間インジケータを3秒の位置に移動し（❶）、[スケール] の値を
「20%」に設定します（❷、❸）。

3 アニメーションを再生する

プレビューを再生すると、テキストが遠ざ
かっていくアニメーションが再生されます。
ただし、デフォルトのままだと [スケール]
の値が一定に推移してしまっているので、
遠ざかっている感じがしません。

キーフレーム間の速度を調整する

1 [グラフエディター]を表示する

テキストが遠ざかっているような効果を出すため、キーフレーム間の速度の推移を調整します。
調整するにはタイムラインの表示を切り替えて、[速度グラフ]を使用します。
[速度グラフ]を使用するには、タイムラインの[グラフエディター]のアイコンをクリックします。

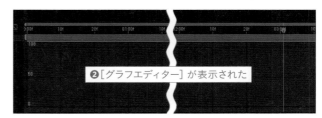

2 [速度グラフ]に切り替える

グラフエディターは、速度グラフの他に参照グラフ、値グラフなどがあります。もし速度グラフに表示が切り替わっていなければ、グラフエディターの下部にある、[グラフの種類とオプションを選択]のアイコンをクリックして、「速度グラフ」を選択します。

3 [速度グラフ]を表示する

キーフレームが作成されているプロパティのプロパティ名をクリックして選択すると、速度グラフが表示されます。
ここでは[スケール]プロパティを選択したので、[スケール]の値の変化がグラフ化されています。

CHAPTER 5
CHAPTER 6
CHAPTER 7
CHAPTER 8

4 ［速度グラフ］を編集する

次に速度グラフを編集していきます。速度グラフの縦軸は、1秒ごとの値の推移を表しています。
ここでは［スケール］プロパティのグラフなので、秒ごとに変化するパーセンテージの推移が
表示されています。正の値は拡大方向、負の値は縮小方向となります。
今テキストレイヤーは縮小するアニメーションが設定されているので、グラフの値は「-26.64/
秒」で等速で縮小されている状態になっています。

5 値の変化を加速させる

現在等速でスケールの値が変化しているので、徐々に減速して速度で遠近感を表現していきます。
まずはスタートの速さを加速させます。速度グラフの0秒にあるキーフレームを選択して（❶）、
グラフ下部にある［選択したキーフレームを編集］をクリックして（❷）、［キーフレーム速度...］
を選択します（❸）。

6 キーフレーム速度を変更する

［キーフレーム速度］の設定が表示される
ので、［出る速度］の［次元を固定］に
チェックを入れたまま、［次元：X］の値
をクリックして「-200」と入力してOKを
クリックします。

7 グラフを編集する

速度グラフの0秒にあるキーフレームが-200の位置に移動します。このグラフの形状だと値の
速度変化が得られないので、キーフレームに表示されたハンドルをドラッグして、グラフの形状
を変化させます。

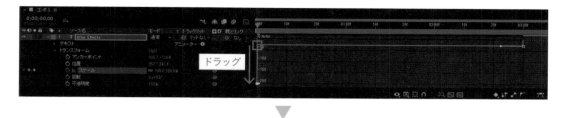

8 終了速度を減速させる

次に減速しながら動きが止まるようにグラ
フを調整します。3秒の位置にある速度グ
ラフのキーフレームを選択して、先ほどと
同様に、［選択したキーフレームを編集］
から［キーフレーム速度］を選択します。
表示された設定画面の［入る速度］の
［次元:X］の値を「0」に設定します。

9 グラフを編集する

速度を設定した0秒と3秒のキーフレーム
のハンドルをドラッグして、グラフのカーブ
がキーフレームの位置よりも上に行かない
ようにカーブを修正します。
図のような形のカーブにすると、動き始め
のスピードが速く、小さくなるに従って速
度がゆるやかになっていきます。グラフが
0/秒を正の方向に越えてしまうと、動きが
戻る（大きくなる）ようなアニメーションに
なってしまいます。

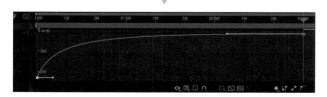

04 波打つタイトルの作成

ここでは、タイトルテキストが波打つように移動するようなアニメーションを作成します。
テキストレイヤーの文字を個別に動かすには、アニメーターという機能を使用すると便利
です。

テキストレイヤーにアニメーターを追加する

1 テキストレイヤーを作成する

まず、アニメーションを作成するためのテ
キストレイヤーを作成します。コンポジショ
ンは1920×1080の解像度で5秒のデュ
レーション、背景は黒に設定しています。
テキストレイヤーは文字の動きがわかりや
すいようにトラッキングを広めに設定してい
ます。作例では、フォントを「小塚ゴシック
Pro」、サイズを「120」、トラッキング
を「171」に設定しています。

2 テキストレイヤーに
アニメーターを追加する

テキストレイヤーの文字を個別に動かすた
めに、アニメーターを追加します。
アニメーターを追加するには、テキストレ
イヤーの［テキスト］プロパティにある［ア
ニメーター］のアイコンをクリックして（❶）
必要なアニメーターを選択して追加します。
ここでは文字の位置プロパティにキーフ
レームを作成したいので、［位置］を選択
します（❷）。

3 アニメーターが追加された

[テキスト] プロパティに「アニメーター 1」
という名前で [アニメーター] プロパティ
が追加されました。
[アニメーター] プロパティは、[範囲セレ
クター] と [位置] プロパティで構成され
ています。

4 文字が動く幅を設定する

[アニメーター] プロパティの [位置] の
値は、文字が動く位置の値を設定するこ
とができます。波打つように文字を上下動
させるには、[位置] の値のYの値を負の
方向に小さくします。
ここでは「-80」に設定しました。

Y（右側）の値を「-80」に設定

範囲セレクターを操作する

1 範囲セレクターを表示する

アニメーターの [位置] プロパティの値は、
範囲セレクターで設定した範囲の文字に
しか影響を与えません。
[アニメーター] プロパティ内にある [範
囲セレクター] の [開始] と [終了] にキー
フレームを付けて範囲を動かすことで、文
字を部分的に移動させていきます。

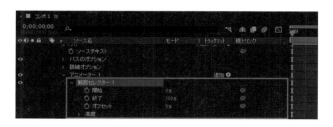

[開始]

Adobe After Effects

[終了]

2 範囲セレクターの位置を変更する

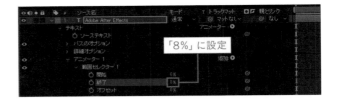

アニメーターが追加されたテキストレイヤーには、[コンポジット]パネルで[開始]と[終了]の範囲セレクターが表示されています。

テキストの先頭にあるのが[開始]で、テキストの終端にあるのが[終了]です。[終了]の値を調整して、2文字分の範囲ができるように範囲セレクターを移動させます。ここでは[終了]の値を「8%」に設定しました。

3 範囲セレクターを移動する

範囲セレクターで囲まれた一定の間隔分だけ文字を移動させたいので、[開始]と[終了]のセレクターを同時に動かしてアニメーションさせます。

同時に動かすには[オフセット]プロパティを利用します。[オフセット]の値を変化させると、[開始]と[終了]の間隔を保ったまま位置を移動させることができます。[オフセット]のストップウォッチアイコンをクリックしてオンにします。

4 範囲セレクターを移動する

[終了]の値が「8%」なので、[オフセット]の値を「-8%」に設定して範囲セレクターを文字列の外に設定します。

5 [オフセット] にキーフレームを追加する

タイムラインの時間インジケータを4秒の位置に移動して（❶）、［オフセット］の値を「100」
に設定します（❷）。

❶移動する

❷「100」に設定

6 文字が波打つように動く
アニメーションが再生される

プレビューの再生ボタンをクリックすると
範囲セレクターの移動に応じて文字の位
置が変化するアニメーションが再生されま
す。

❶ **Adobe After Effects**

❷ **Ado^be After Effects**

❸ **Adobe Af^te r Effects**

❹ **Adobe After E^f fects**

❺ **Adobe After Effec^t s**

05 プリセットを利用したアニメーション制作

After Effectsには、テキストレイヤーに簡単に利用できるアニメーションのプリセットが用意されています。ここではプリセットの適用の仕方と、プリセットの編集方法について紹介します。

テキストレイヤーにプリセットを適用する

1 ワークスペースを切り替える

アニメーションプリセットは、標準レイアウトのままでも利用できますが、ワークスペースを「エフェクト」に切り替えて作業し易くします。

2 [エフェクト&プリセット]パネルを開く

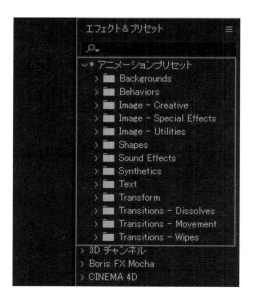

画面に表示されている［エフェクト&プリセット］パネルをクリックしてパネルを展開します。
アニメーションに関するプリセットは、［エフェクト&プリセット］パネルの［アニメーションプリセット］に格納されています。

3 [Text] を開く

アニメーションプリセットには、背景や画像に対してアニメーションを作成するプリセットなど、多くのプリセットが用意されています。

その中でテキストレイヤーに利用できるプリセットは [Text] に格納されています。[Text] の中には、さらにアニメーションの特徴に合わせてフォルダごとに分類されています。

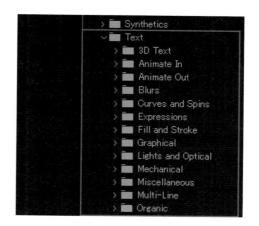

4 プリセットの内容を確認する

アニメーションプリセットは、特徴ごとに分類されていますが、数が多いので必要なプリセットを探すのは非常に時間がかかります。

プリセットがどのようなアニメーションなのかを適用前に視覚的に確認したい場合は、[エフェクト&プリセット] パネルのパネル名が表示されている部分で右クリックしてメニューを表示し、[アニメーションプリセットを参照...] を選択します。

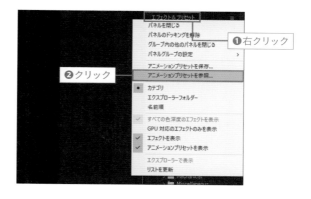

5 プリセットの内容を確認する

するとAdobe Bridge（Adobe Creative Cloud契約者は追加料金なしでインストール可能）が起動し、プリセットの内容を [プレビュー] パネルで確認することができます。

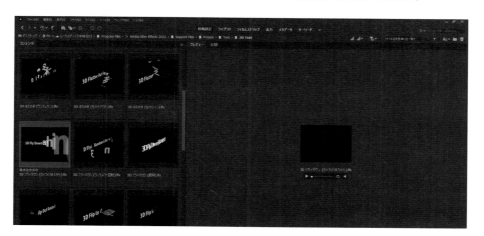

05

プリセットを利用したアニメーション制作

6 プリセットを適用する

使用したいプリセットが決まったら、[エフェクト&プリセット]パネルから、プリセットをクリックして選択し、テキストレイヤーにドラッグ&ドロップします。
ここでは、[3D Text]にある[3Dフライダウン（カメラの後ろから）]を適用しました。

7 プリセットが適用された

プレビューを再生すると、テキストレイヤーの文字列にアニメーションが適用されたのがわかります。

アニメーションを編集する

1 キーフレームが設定されたプロパティを探す

プリセットで作成したアニメーションは、自由に編集することができます。

アニメーションを編集するには、まずキーフレームが作成されているレイヤープロパティを見つけます。プリセットを適用したレイヤーを展開して、レイヤープロパティを表示します。

丸い点がタイムラインに表示されているプロパティグループが、キーフレームが作成されているプロパティを含むプロパティグループです。

2 アニメーションの速度を変更する

テキストレイヤーに適用した［3Dフライダウン（カメラの後ろから）］では、［Animator1］の
［Range Selector1（範囲セレクタ1）］にある［オフセット］にキーフレームが作成されアニメーションが設定されています。

このオフセットのキーフレームの間隔を短くすれば速く、長くすれば動きがゆっくりになります。

アニメーションプリセットを保存する

1 プリセットにしたいアニメーションを作成する

自分で作成したアニメーションを、他で流用するためにアニメーションプリセットとして保存することができます。
まずは、プリセットにしたいアニメーションを作成します。ここでは、前のレッスン（Chapter5-04）で作成した波打つタイトルのアニメーションをプリセット化してみます。

2 プリセット化するプロパティを選択する

プリセット化するには、キーフレームを作成したプロパティグループをすべて選択します。ここでは［アニメーター 1］を選択しました。

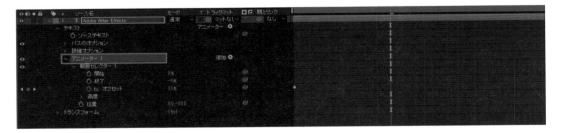

3 プリセットを保存する

［アニメーション］メニューから［アニメーションプリセットを保存...］を選択します。選択すると［アニメーションプリセットに名前を付けて保存］のウィンドウが表示されるので名前を入力して保存します。
作成したプリセットは、User Presetsフォルダに保存されます。

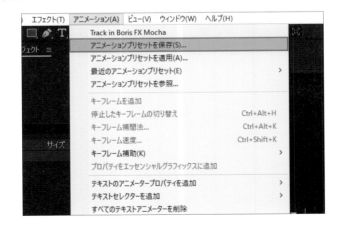

4 保存されたプリセットを利用する

保存したプリセットは、[エフェクト&プリセット] パネルの [アニメーションプリセット] にある [User Presets] に自動的に登録されます。

新しく作成したテキストレイヤーにドラッグ&ドロップすれば、自分で作成したアニメーションをプリセットとして流用できます。

パスを利用したテキストアニメーション

テキストレイヤーは、直線的な動きだけではなく作成したパスに沿って曲線的なアニメーションを作成することができます。ここでは簡単なパスを使ったテキストアニメーションを作成していきます。

テキストレイヤーにパスを作成する

1 テキストレイヤーを作成する

テキストレイヤーは、［パスを使ってパスの形状にそってテキストを動かすこともできます。
まずは動かすためのテキストレイヤーを作成しました。なお、テキストをパスで変形するときには、ドラッグではなく、クリックして文字を入力しないと、パスとの位置がずれてしまいます。

2 ［ペンツール］を選択する

テキストレイヤーが作成できたら、そのテキストレイヤーにテキストの動きの軌跡用のパスを作成します。
作成したテキストレイヤーを選択した状態で（❶）、［ペンツール］をクリック（❷）して選択します。

3 パスを作成する

テキストレイヤーが選択された状態で、テキストを動かしたい軌跡に[ペンツール]を使ってパスを描いていきます。パスは右側が始点、左側が終点になるように作成しました。

4 パスを選択する

テキストレイヤーにパスが作成できたら、テキストレイヤーの[テキスト]プロパティを展開して、それに[パスのオプション]を展開します。
そして[パス]の「なし」と表示された部分をクリックして（❶）、作成したパスの名前（ここではマスク1）を選択します（❷）。

テキストレイヤーに作成されたパスはマスクとして作成されます。テキストレイヤーを選択しない状態で、[ペンツール]を使用してしまうとシェイプレイヤーが作成されてしまうので注意します。

5 テキストがパスに移動した

テキストレイヤーに入力されていたテキストがパス上に移動します。
テキストの先頭とパスの始点が一致するので、テキストの方向が逆になっています。ここから設定を編集していきます。

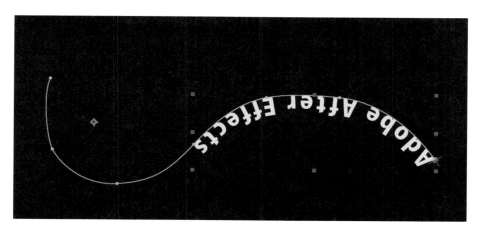

パスのオプションを編集する

1 パスの方向を変更する

❶「オン」に設定

パスの始点と終点が逆になってしまった場合、[パスのオプション]の[反転パス]を[オン]にします。すると始点と終点を反転させることができます。
反転させることで、テキストが動く方向などをコントロールすることができます。

❷文字が反転する

2 パスに対する文字の方向を変更する

❶「オフ」に設定

デフォルトではパスに対してテキストが直角方向に配置されます。アニメーションによっては、テキストが直立した状態のまま動かしたい場合もあります。
そのようなときには、[パスを直角]をクリックして[オフ]にします。

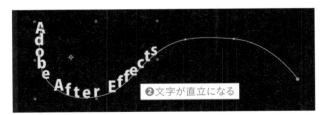
❷文字が直立になる

3 パスに文字を均等に配置する

❶「オン」に設定

パスに沿わせたテキストは、パスの長さに合わせて均等に配置することもできます。
均等に配置したい場合は[均等配列]を[オン]にします（❶）。[オン]にするとパスの長さで、テキストを均等配置されます（❷）。

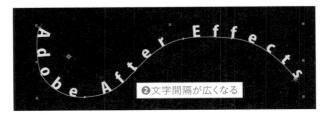
❷文字間隔が広くなる

パスを修正して、長さや形状を変えると、自動的に長さや形状に合わせて文字間隔が広くなります（❸）。

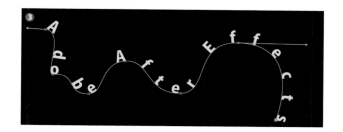

パスに沿ってテキストをアニメーションさせる

1 スタートの位置を設定する

パスに沿ってテキストをアニメーションさせるには、テキストのスタートの位置をまず設定します。
［均等整列］をオフにして、［最初のマージン］の値を大きくして（❶）、パスの終点付近までテキストを移動させます（❷）。

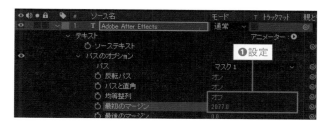

2 ［最初のマージン］にキーフレームを作成する

テキストの位置が決定したら、タイムラインの時間インジケータを0秒の位置に移動して（❶）、［最初のマージン］のストップウォッチアイコンをクリックして、キーフレームを作成します（❷）。

3 終了位置を設定する

次に、タイムラインの時間インジケータを3秒の位置に移動して（❶）、［最初のマージン］の値を小さくしながら（❷）、テキストのアニメーションが終了する位置までテキストを移動させます（❸）。

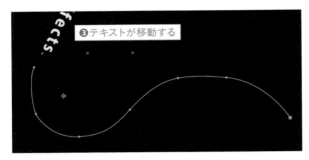

4 パスに沿ってテキストが動くアニメーションが作成された

プレビューを再生すると、パスに沿ってテキストが動くアニメーションが再生されます。

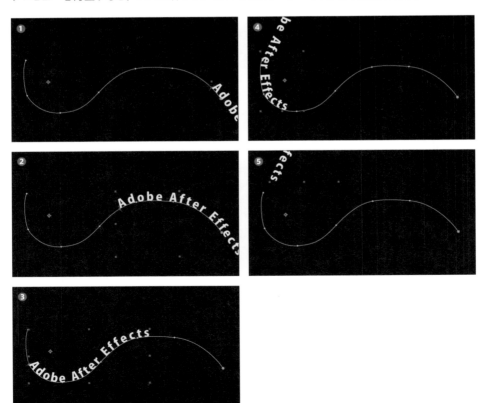

素材を合成してみよう

After Effectsの機能のひとつとして、画像合成があります。さまざまな映像や画像素材を合成して新しい映像を生み出す方法をこの章では解説します。

01 テキストの中に画像を合成する

After Effectsを使用した画像合成の例として、テキストの中に画像を合成してみます。テキストの中に画像を合成するには、トラックマットの機能を使用します。ここでは文字の中に画像を合成しながら、トラックマットの機能について紹介します。

テキストレイヤーを作成する

1 コンポジションを用意する

ここで使用するコンポジションは解像度を[1920×1080]pxに設定。フレームレートは[29.97]fps、デュレーションは[5]秒、背景色は[ブラック]に設定しました。

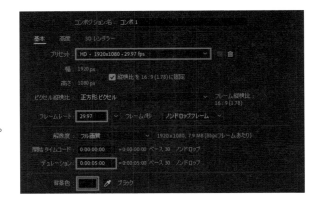

2 テキストレイヤーを作成する

コンポジションを作成したら、テキストレイヤーを作成して、テキストを入力します。ここでは文字の中に映像を流したいので、なるべく太文字の書体を選択します。書体に「Blenny」を使い、サイズは「250」pxに設定してテキストを作成しました。文字の色は「白」にしています。

「Blenny」がないときは？

「Blenny」は、Adobe Fontsに含まれており、Creative Cloud契約者は追加料金なしで利用できます。Adobe Fontsの「Blenny」のページでアクティベートをすれば使うことができます。

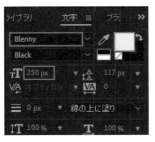

トラックマットを設定する

1 フッテージを配置する

文字の中に表示したいフッテージを用意します。
ここでは図のような写真を読み込み、フッテージをレイヤーとしてコンポジションに配置します。ここでは、テキストレイヤーの下に写真のフッテージのレイヤーが位置するように配置しました。

使用ファイル：IMG_2415.jpg

2 テキストレイヤーをトラックマットに設定する

テキストの中に画像レイヤーを表示させます。画像のレイヤーの［トラックマット］をクリックして「1・After Effects」を選択します（❶）。マットのスイッチが［アルファマット］に切り替わります（❷）。もし切り替わらない場合はクリックしてオンにしてください。

❶選択　❷切り替わる

3 テキストの中に下のレイヤーのフッテージが表示される

テキストレイヤーの文字以外の領域がマスクされ、文字の部分だけに下のレイヤーの画像が表示されます。

2022以前では？

バージョン2022以前を使っている場合は、手順2で［トラックマット］から「アルファマット ＜レイヤー名＞」を選びます。

トラックマットを変更する

1 マット反転に変更する

写真フッテージのレイヤーの［マット反転］
スイッチをオンにします。

クリック

2 文字の部分が透明になった

文字の部分だけが透明になって、コンポ
ジットの背景色が表示されます。

> **2022以前では？**
>
> バージョン2022以前を使っている場合
> は、手順1で［トラックマット］から「ア
> ルファ反転マット ＜レイヤー名＞」を選
> びます。

| コラム | テキストレイヤーのアルファチャンネルの状態 |

テキストレイヤーは、自動的にア
ルファチャンネルが作成され、文
字の部分はマスクされ、その他の
領域は透明になっています。

そのため、トラックマットのアル
ファマットを使用すると、レイヤー
でも文字の部分がマスクされた状
態になります。

3DCG素材などアルファチャン
ネルを含んだフッテージであれば、
同じようなトラックマットの処理を
行うことができます。

アルファチャンネルの状態は［コ
ンポジション］パネルの［チャンネ
ルとカラーマネージメント設定を表
示］ から「アルファチャンネル」
を選択して確認できます。

［チャンネルとカラーマネージメント設定を表示］

RGB表示の状態

アルファチャンネル表示の状態

ルミナンスマットを使用する

1 トラックマットをルミナンスマットに切り替える

トラックマットには、アルファマットの他に、
「ルミナンスマット」があります。ルミナンス
マットは、フッテージの明度を利用してマス
クを作成します。先ほど画像のレイヤーに
設定した［トラックマット］は［マットなし］
に戻して、テキストレイヤーは左端をクリッ
クして、表示の状態にしておきます。

❶選択

❷クリックしてレイヤーを表示

2 グラデーション用の レイヤーを作成する

ここでは、文字の塗りにグレースケールの
グラデーションを設定してみましょう。
塗りに直接グラデーションを使えないので、
最初にアルファマットを使ってグラデーショ
ンを文字の中に表示します。
グラデーションを作るには、まず［レイ
ヤー］メニューから［新規→平面...］を
選んで黒の平面レイヤーを作成します。

3 グラデーションエフェクトを適用する

作成した平面レイヤーを選択して、［エフェクト］メニューの［描画］から［グラデーション］
を選択して適用します。

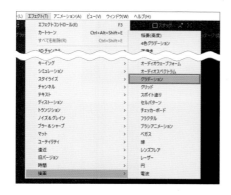

4 3つのレイヤーが配置される

タイムラインには画像とテキスト、平面の3つのレイヤーが配置されます。

5 テキストレイヤーをルミナンスマットに切り替える

テキストレイヤーの［トラックマット］をクリックして［1・ブラック平面1］を選択し、右のマットスイッチをクリックして［ルミナンスマット］に切り替えます。

バージョン 2022以前では？

［トラックマット］で［ルミナンスキーマット＜レイヤー名＞］を選択します。

6 平面レイヤーとテキストレイヤーをプリコンポーズする

グラデーションを適用した平面レイヤーとテキストレイヤーを、［Shift］キーを押しながら2つとも選択して右クリックし、［プリコンポーズ...］を選択します。
プリコンポーズの設定画面が表示されるので、［新規コンポジション名］にコンポジションの名前を入力します。ここでは「text_comp」としました。また［すべての属性を新規コンポジションに移動］を選択しておきます。
設定できたらOKをクリックすると、選択していたレイヤーが1つのコンポジションとしてまとめられます。

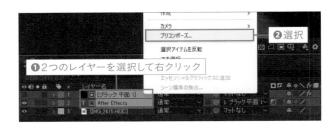

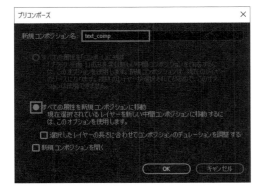

7 背景のレイヤーの トラックマットを設定する

プリコンポーズのレイヤーをトラックマット
として利用します。
プリコンポーズの下に配置した背景のレイ
ヤーのトラックマットを「1.text_comp」
に切り替えて、マットスイッチを［ルミナン
スマット］に切り替えます。［マットの反転］
はオフにしておきます。背景が文字の形に
切り抜かれます。

バージョン 2022以前では？

［トラックマット］で［ルミナンスキーマット＜レイヤー名＞」を
選択します。

8 プリコンポーズしたレイヤーを 再編集する

今の状態だと、グラデーションの幅が広く、トラックマットの効果がわかりにくいので、グラデー
ションの幅を調整します。プリコンポーズしたレイヤーを再編集するには、プリコンポーズのレ
イヤーをダブルクリックして（❶）、そのコンポジションを開きます（❷）。

9 グラデーションの幅を決める ためのガイドを表示する

グラデーションの幅を編集するために、文
字の幅にガイドを作成します。［ビュー］メ
ニューから［定規を表示］を選択します。

CHAPTER 5
CHAPTER 6
CHAPTER 7
CHAPTER 8

表示された定規をドラッグするとガイドが表示されるので、文字の幅に合わせてガイドを設置します。

10 グラデーションを適用した平面レイヤーを表示する

手順3の段階で、グラデーションを適用した平面レイヤーは非表示になっているので、平面レイヤーの表示スイッチをクリックして、目のアイコンを表示します。

11 グラデーションの開始位置を変更する

平面レイヤーを選択して、［エフェクトコントロール］パネルを開きます。
［グラデーション］エフェクトの［グラデーションの開始］の位置を上のガイドの位置、［グラデーションの終了］の位置を下のガイドの位置に合わせます。
開始と終了のXの位置は同じ数値にしておかないと、グラデーションの方向が斜めになってしまうので注意します。

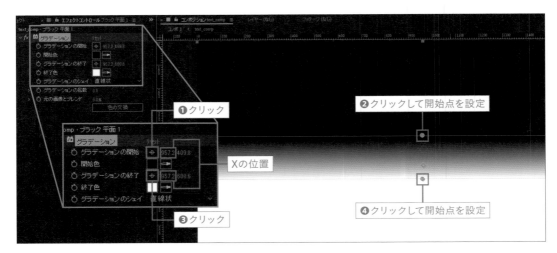

12 平面レイヤーを非表示にして元コンポジションを開く

グラデーションの開始と終了の位置を編集
したら、平面レイヤーを非表示にして（**1**、
2）、タイムラインで元のコンポジションを
選択して開きます（**3**）。
文字の内側に合成された背景が文字の上
部で透明化されているのがわかります
（**4**）。

わかりやすいようにコンポジションの背景
色を明るい色に変更してみました（**5**）。

平面レイヤーの色を変えるには

平面レイヤーの色を変更するには、平面
レイヤーを選択した状態で、[レイヤー]
メニューから[平面設定...]を選び、表
示されたウィンドウで[カラー]を変更し
ます。

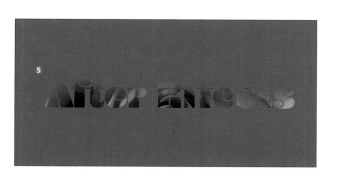

02 画像の映り込みを作成する

ここでは、画像の映り込みを作成する方法を紹介します。単純に配置したロゴのフッテージでも、地面にロゴの写り込みがあるだけで存在感が増していきます。

映り込みに使用するレイヤーを切り抜く

1 フッテージを用意する

ここでは右のようなフッテージ（画像）を用意して、床にロゴが映り込んでいる様子を作成してみます。
ここで使用するコンポジションは解像度を[1920×1080]pxに設定。フレームレートは[24]fps、デューレーションは[5]秒、背景色は[ブラック]に設定しました。作成したコンポジションに用意したフッテージをタイムラインに配置します。

2 レイヤーを複製する

床に映り込ませる素材を作成するために、レイヤーを選択した状態で[Ctrl+D]を押して複製します。

使用ファイル：CG素材02.png

3 レイヤーを切り抜く

複製したレイヤーのロゴの部分を、[ペンツール]（❶）を使って切り抜いていきます。

ここではロゴの輪郭部分、ロゴが中空に
なっている部分含め［ペンツール］で4つ
のマスクを作成しています（**②**）。
中空の部分にあたるマスクは、マスクプロ
パティで「減算」に設定しておきます
（**③**）。図はわかりやすいように複製元のレ
イヤーを非表示にしています。

「減算」について

「減算」に設定すると、レイヤーに作成さ
れた複数のマスクが重なっている場合に、
外側のマスクを、減算に設定されたマス
ク形状で、切り抜くことができます。

切り抜いたレイヤーを映り込みとして利用する

1 レイヤーを複製する

切り抜いたレイヤーを［Ctrl+D］で複製
します。

2 レイヤーを反転させる

切り抜いたレイヤーの複製と、元のフッ
テージのレイヤーに挟まれたレイヤーを映
り込みとして利用します。
このレイヤーの［スケール］にあるリンク
のスイッチ（鎖のアイコン 🔗）をクリック
してオフにして、Y方向の値を「-100」
に設定して垂直方向に反転させます。

3 レイヤーを移動させる

垂直方向に反転させたレイヤーを移動して、オリジナルのロゴのベースラインに合わせます。
［位置］プロパティの調整だけでは、ベースラインが合わないので、［回転］プロパティも調整してラインを合わせます。

［位置］と［回転］で調整する

4 パースを調整する

作例では、ロゴにパースが付いているため、スケールの反転と回転で角度を変更しただけでは、映り込みのように見えません。
そのような場合は［エフェクト］メニューの［ディストーション］から［CC Power Pin］を選択し、各コーナーの位置を調整します。
［エフェクトコントロール］で［Expansion］の各プロパティを変更すると、Top、Left、Right、Bottomの各方向に伸縮させることもできるので、パースを合わせやすくなります。

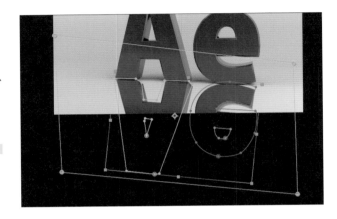

5 ［パペット］を使って部分的に変形させる

ロゴのレイヤーを反転させると、ロゴの形状や向きによっては、接地面の形状が合わない場合があります。そのようなときの解決方法のひとつとして、［パペット］を使ってレイヤーを部分的に変形させる方法があります。
［パペット］を使用するには、ツールバーの［パペット位置ピンツール］のアイコンをクリックしてアクティブにし（❶）、映り込み用のレイヤーを選択した状態で、ロゴの底面と繋がるであろう角をクリックしていきます（❷）。

❶クリック

❷クリック

6 エフェクトの順番を変更する

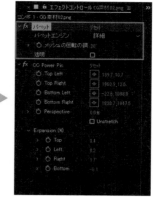

ピンを設置していくと、細い線が出る場所があります。これは、[CC Power Pin] エフェクトを適用した後に、[パペット] エフェクトを適用しているからです。

映り込み用のレイヤーを選択して、[エフェクトコントロール] パネルを開いて、[パペット] エフェクトをドラッグして [CC Power Pin] エフェクトの上位に移動させます。

7 ピンの位置を移動して映像を変形させる

レイヤーに適用されている [パペット] エフェクトを [エフェクトコントロール] パネルで選択するとピンが表示されるので、接地面が離れてしまっている箇所に作成したピンを、[選択ツール] を使ってドラッグして、レイヤーの映像を部分的に変形します。

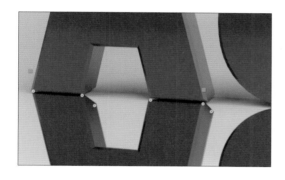
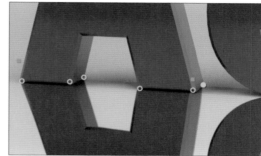

8 レイヤーのモードと不透明度を変更する

最後に映り込みのレイヤーの見え方がはっきりしすぎているので、レイヤーモードを「乗算」に変更し、レイヤープロティの [不透明度] を「50%」に設定します（❶、❷）。

[不透明度] の値は映り込む映像の色などによって違いがあるので、映り込みの見た目が自然になるように調整します。

❷映り込みが薄くなる

03 モニターに別の画像を合成する

ここでは、モニターの映像を差し替える方法について解説します。モニターにはマーカー付きのグリーンの映像を表示し、**After Effects**のトラッキングの機能とキーイングの機能を使って、別の映像を合成していきます。

合成作業用の画面映像を用意する

1 モニターに表示するグリーン素材を用意する

モニターに別映像を合成するには、映像の動きを解析するためのマーカーと、映像を合成する場所を透明化（キーアウトといいます）するためのグリーン素材を作成する必要があります。

ここではPhotoshopを使って図のような素材を作成しました。マーカーの形は、輪郭がはっきりとしたものであれば何でも大丈夫ですが、ここでは、図のような丸形の白黒チェッカーマーカーを作成して配置しました。作成した素材はAfter Effectsで扱える形式で保存します。ここではPNG形式で保存しました。

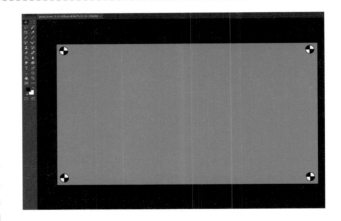

2 モニターにトラッキング素材を表示して撮影する

素材ができたら、Photoshopの［表示］メニューの［スクリーンモード］から［フルスクリーンモード］を選択して、モニター一杯にトラッキング用の素材を表示して、撮影します。図は撮影した映像です。

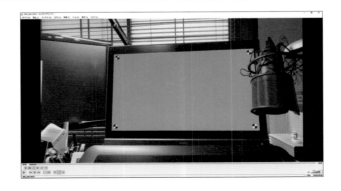

コンポジションを作成してフッテージを読み込む

1 プロジェクトを作成する

After Effectsのスタート画面も
しくは、[ファイル] メニューの [新
規] から [新規プロジェクト] を
選択してプロジェクトを作成します。

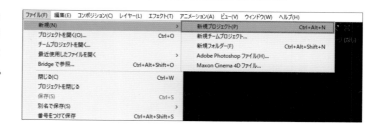

2 コンポジションを作成する

ここで使用するコンポジションは解
像度を [1920×1080] pxに設
定。フレームレートは [24] fps、
デューレションは [5] 秒、背景色
は [ブラック] に設定しました。

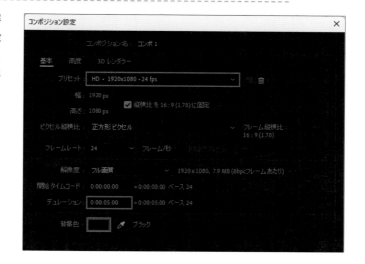

3 フッテージを読み込む

[ファイル] メニューの [読み込み]
から [ファイル] を選択します。
[ファイル読み込み] のウィンドウ
が開くので、撮影したモニターの
映像フッテージと、モニターに合
成するフッテージを、[Ctrl] キー
を押しながら選択して [読み込み]
([開く]) をクリックします。

4 フッテージが読み込まれた

[プロジェクト] パネルに、フッテージが読み込まれます。

✏ トラッキングの準備

1 フッテージを
タイムラインに配置する

[プロジェクト] パネルに追加されたフッテージを2つともタイムラインにドラッグ＆ドロップして配置します。順番は、下がモニターを撮影したフッテージ、上がモニターに合成するフッテージです。

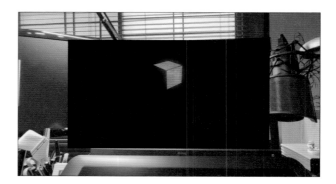

2 トラッキングするフッテージの
レイヤーパネルを表示する

トラッキングするために、タイムラインパネルに配置した、モニター映像のレイヤーをダブルクリックして、[レイヤー] パネルに表示します。

❶ダブルクリック

❷映像が表示される

3 トラッカーを表示する

トラッキングするには、［トラッカー］を使用します。

ワークスペースに［トラッカー］パネルが表示されていない場合は、［ウィンドウ］メニューから［トラッカー］を選択します。選択するとワークスペースに［トラッカー］パネルが表示されます。

❷パネルが表示される

4 トラッカーをオンにする

トラッキングを開始するには、まず［トラッカー］パネルの［トラック］ボタンをクリックします。

5 トラックの種類を切り替える

デフォルトの状態だと［トラックの種類］が［トランスフォーム］になっているため、動きを分析するトラックポイントが1つなので、［トラックの種類］を［遠近コーナーピン］に切り替えます。

6 トラックポイントが4つに増えた

［トラックの種類］を［遠近コーナー］に切り替えるとトラックコーナーポイントが4つに切り替わります。

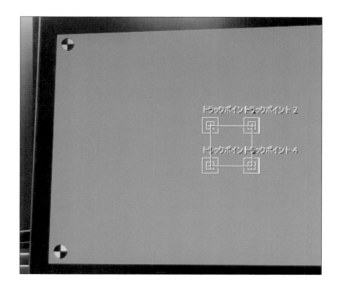

7 トラックポイントのインタフェイス

トラックポイントは3つのパーツで構成されています。
トラックポイントの中央にあるのが、[アタッチポイント]です。ア
タッチポイントは、トラッキングした位置を反映させるターゲットの
レイヤーのアンカーポイントなどと同期されるポイントを設定します。
アンカーポイントの外側にある枠は[ターゲット領域]と呼ばれる
領域で、トラッカーで分析したいポイントの範囲を設定します。
一番外側の枠は[検索領域]で、[ターゲット領域]で設定した
範囲に含まれる映像がどれぐらい動いているのかを分析する範囲
を設定します。範囲が広いと分析の精度が上がりますが、分析時
間が長くなります。

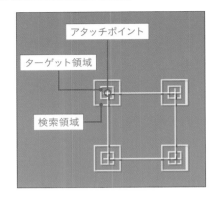

8 [ターゲット領域]を移動させる

トラックポイントを、モニターに表
示されているマーカーの位置に移
動させます。トラックポイントを移
動させるときは、トラックポイントの
[ターゲット領域]の内側をドラッ
グして移動させます。

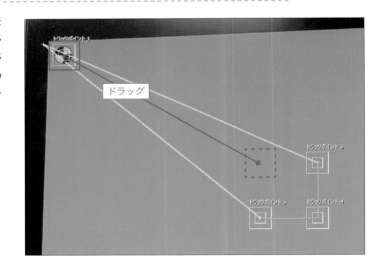

9 [ターゲット領域]のサイズを変更する

[ターゲット領域]の位置を変更
したら、[ターゲット領域]の4隅
に表示されているハンドルをドラッ
グして、モニターに表示されている
マーカーがすべて入るサイズに
[ターゲット領域]のサイズを変更
します。

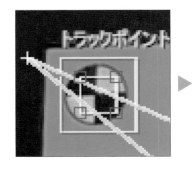 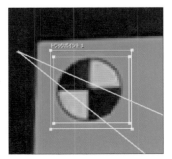

10 ［検索領域］のサイズを変更する

［ターゲット領域］の設定ができたら、［検索領域］のサイズを変
更します。［検索領域］は［ターゲット領域］内とその外側との
画像要素の差異を分析する範囲を定義するので、なるべく［ター
ゲット領域］と映像要素が異なる範囲まで広げます。
ここでは［検索領域］の4隅のハンドルをドラッグして、モニター
の外あたりまで領域を広げます。

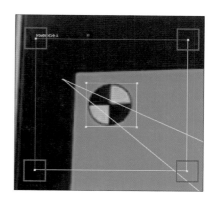

11 アタッチポイントを設定する

最後に［アタッチポイント］を移
動します。モニターの画面内に他
のレイヤーをはめ込みたいという場
合は、この［アタッチポイント］の
位置ははめ込むレイヤーの4隅の
角の位置になります。ですので、
［アタッチポイント］をドラッグして
モニター画面の角に移動します。

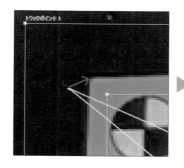 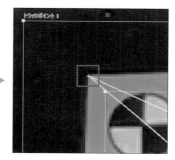

12 トラックポイントをすべて設定する

ここまでの手順を繰り返して残りの3つのトラックポイントをマーカーに対して設定していきます。
トラックポイントを設定していくと、［アタッチポイント］の位置がずれてしまうことがあるので、
最後に［アタッチポイント］の位置を再度調整しておきます。

トラッキングを開始する

1 トラッキング開始時間を設定する

[トラッカー] を使った映像分析では、分析を開始する時間を決めておくことができます。分析はタイムライン、もしくはレイヤーパネルの時間インジケータのある時間から開始されるので、開始する時間に時間インジケータをドラッグして移動します。

ここでは0フレーム目に移動します。コツとしては分析するトラックポイントがすべて表示されている時間から分析を始めるとよいでしょう。

2 トラッキングを開始する

トラッキングを開始するには、[トラッカー] パネルの [分析] にある再生ボタンをクリックします。

3 マーカーの動きが分析された

フッテージの終了点まで時間インジケータが移動すると、分析が終了して各トラックポイントにモーションパスが表示されます。

もし、途中でトラックポイントの位置がマーカーから外れてしまった場合は、外れた時間に時間インジケータを移動して、[ターゲット領域] や [詮索領域] の範囲のサイズを調整して、再び、再生ボタンをクリックすると、新たに分析を開始することができます。

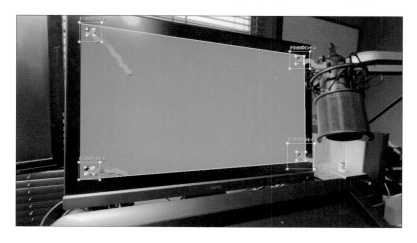

<table>
<tr><td>コラム</td><td>分析結果をリセットしたい場合</td></tr>
</table>

分析された位置データは、トラッキングしたレイヤーの［モーショントラッカー］プロパティグループに格納されます。

もし、分析したデータを削除したい場合は、［リセット］をクリックするか［モーショントラッカー］プロパティグループの［トラッカー］プロパティを選択して、［Delete］キーを押して削除します。

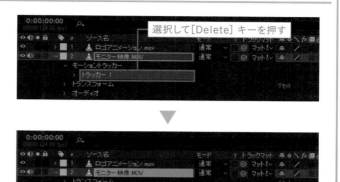

選択して[Delete]キーを押す

トラッキングの結果を別レイヤーに適用する

1 ターゲットを設定する

トラッキングが終わったら、その分析したデータを使って、用意したロゴアニメーションのレイヤーを変形させて画面の動きに追従させます。

デフォルトではトラッキングしたレイヤーの上に配置されたレイヤーがターゲットに設定されていますが、それ以外のレイヤーをターゲットにしたい場合は、［トラッカー］の［ターゲットを設定］をクリックして、ターゲットにしたいレイヤーを選択して［OK］します。

2 トラッキングした結果を適用する

トラッキングした結果をターゲットとして選択したレイヤーに反映させるには、［トラッカー］パネルの［適用］ボタンをクリックします。

3 モニターにアニメーションがはめ込まれた

[適用]ボタンをクリックすると、[コンポジション]パネルが表示されます（❶）。
[プレビュー]パネルの再生ボタンをクリック（❷）すると、ターゲットのレイヤーがモニターの
画面に合成されているのがわかります。

基本的な仕組みは、トラッカーで分析された作成されたトラックポイントのキーフレームが、
ターゲットに適用された[コーナーピン]エフェクトの[左上][左下][右上][右下]の各
プロパティに自動的にペーストされた状態になっています。

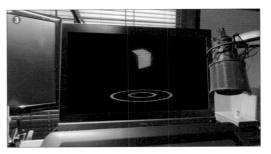

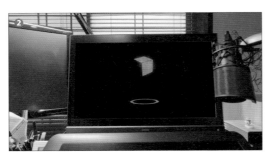

映像のレイヤーに隠れた部分を調整する

1 新たにモニター映像をレイヤーに重ねる

トラッキングすることで、モニター映像の
画面部分にアニメーションを合成すること
ができましたが、マイクの部分などが隠れ
てしまっています。
この隠れた部分が見えるように調整します。
まずは、タイムラインの一番上に、[プロ
ジェクト] パネルから、モニター映像のフッ
テージを新たにドラッグして配置します。

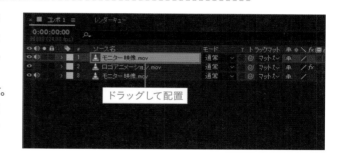

2 マーカーを消去する

まずは、画面の緑の部分をキーアウトする
ために、邪魔なマーカー部分を、ベジェマ
スクを使って切り抜きます。
[タイムライン] パネルの時間インジケータ
を0秒の位置に移動して、先に配置したモ
ニター映像のレイヤーをダブルクリックして
[レイヤー] パネルを表示します。

3 [楕円形ツール]で マーカーを囲む

ツールバーにある［楕円形ツール］をク
リックして（❶）、マーカーを囲むような楕
円のベジェマスクを作成します（❷）。
大きさはマーカーより一回り大きいぐらい
のサイズで、4つのマーカーにそれぞれベ
ジェマスクを作成します。
右上のマーカーはマイクと接近しているの
で、マイクにベジェマスクが重ならないよう
にパスの形状を変形させます（❸）。

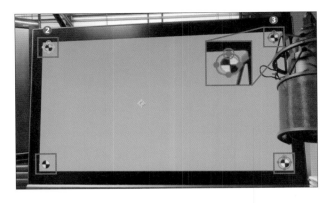

ベジェパスを作成するときは、マスクを
［加算］ではなく、［なし］で表示させると
作業し易くなります（❹）。

4 ベジェマスクの範囲をトラッキングする

マーカーに対するベジェマスクが作成できたら、マーカーの動きに合わせてベジェマスクを移動
させるためトラッキングの処理を行います。
トラッキングするには、レイヤーの［マスク］プロパティにある［マスク1］を選択し（❶）、［ト
ラッカー］パネルの［方法］が「位置、スケール、回転」になっているのを確かめて（❷）［分
析］の再生ボタンをクリックします（❸）。

5 ベジェマスクがトラッキングされた

分析が終わったら、時間インジケータを動かして（❶）、マーカーの外側にベジェマスクが位
置しているか確認します（❷）。
もし、ベジェマスクがマーカーの内側入ってしまっているような場合は、ベジェマスクを変形させ
てマーカーがベジェマスク内に入る様にし、そのフレームから分析を開始して修正していきます。

❶移動

❷マーカーの外側にベジェマスク
があるか確認する

6　すべてのベジェマスクをトラッキングする

同じ手順で、残りのベジェマスクもトラッキングしていきます。

7　すべてのベジェマスクを
　　減算に設定する

トラッキングしたすべてベジェマスクのモードを「減算」に切り替えると、マーカー部分が切り取られて透明化されます。

❶「減算」に設定

❷切り抜かれる

8　グリーンの部分を
　　キーアウトする

次に［コンポジション］パネルに表示を戻して、ベジェマスクを作成したレイヤーのグリーンの部分を透明化します。レイヤーを選択した状態で、［エフェクト］メニューの［Keying］から「Keylight(1.2)」を選択して適用します。

9 Screen Colourで グリーンの色を選択

[エフェクトコントロール]パネルに
[Keylight(1.2)]が追加されるので、
[Screen Colour]プロパティのスポイト
アイコン■を選択して（❶）、モニター映
像のグリーンの部分をクリックします（❷）。
グリーンの部分をクリックすると、グリーン
部分がキーアウトされて、下のレイヤーの
映像が表示されます（❸）。

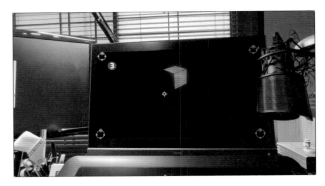

10 トラッキングに使用した レイヤーを非表示にする

最後に、最初にトラッキングの作業をした
レイヤー（一番下のレイヤー）を非表示に
します。すると、マイクのグリーンが色かぶ
りしている部分が解消されます。

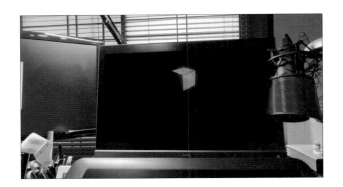

11 フリンジを除去する

一番下のレイヤーを非表示にすると、キー
アウトしたときにエッジ部分にフリンジが表
示されることがあります（❶）。

その場合は［Keylight(1.2)］エフェクト
の［Screen Shrink/Grow］と［Screen
Softness］の値を調整して（**❷**）、エッ
ジが目立たないように調整します（**❸**）。

最後に再生してみて、エッジにちらつきがないか確認して完成です。

04 フッテージをコラージュして架空の風景を作成する

ここでは、複数のフッテージを組み合わせてひとつの背景を作成します。ベジェマスクを使ったマスクワークや、コーナーピンを使ってレイヤーにパースを付ける方法などを紹介します。

ベジェマスクを使ってレイヤーを分ける

1 素材を用意する

ここでは、図のような建物とツタの写真を使って背景を作成していきます。最終的に建物の壁にツタを這わせて、少し汚れた古い感じに建物を修正し、時間帯も夜に変更して、窓明かりが見えるようなルックに仕上げていきます。

2 コンポジションを作成する

まずはコンポジションを作成します。ここでは、解像度を [1920×1080] px、フレームレートは [24] fps、デューレションは [5] 秒、背景色は [ブラック] に設定しました。

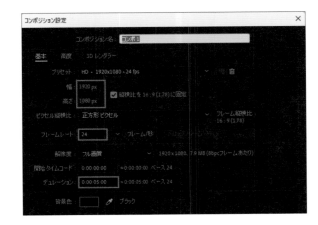

3 フッテージを読み込む

冒頭でも紹介した通りここでは2つのフッ
テージを使用します。[プロジェクト] パネ
ルには2つのフッテージが読み込まれてい
ます。

使用ファイル：BG_base.psd、leaf01.jpg

4 フッテージをタイムラインに配置

読み込まれているフッテージのうち、背景
のベースとなる素材（BG_base.psd）を
[タイムライン] パネルにドラッグ＆ドロップ
して配置します。

5 レイヤーを複製する

まずは左端の壁を別レイヤーに分離するた
め、タイムラインに配置した背景のレイ
ヤーを選択して、[Ctrl+D] キーで複製
します。

6 ペンツールでレイヤーを切り抜く

複製したレイヤーを選択して、[ペンツール] を使って、左側の壁を切り抜いていきます。なる
べくポイント数を少なくすることで、きれいなパスを作成することができます。
[ペンツール] でクリックしたら、そのままドラッグするとハンドルが表示されるので、ハンドルを
ドラッグしてカーブを調整していきます。パスを閉じたい場合は、パスの始点にあるポイントを
最後にクリックすると閉じた状態のパスを作成することができ、パスで囲まれた中だけをマスク
することができます。

フッテージをコラージュして架空の風景を作成する

7 レイヤーが切り抜かれた

パスが閉じたら、複製元のレイヤーを非表示にすると、レイヤーが切り抜かれているのが確認できます（❶）。

レイヤーを切り抜くときのコツは、切り抜きたい形状の輪郭より少し内側にパスを作成して、［マスク］プロパティの［マスクの境界のぼかし］の値を調整して（❷）自然に下のレイヤーと馴染むようにします。

鎖のアイコンをクリックして外すと、X方向、Y方向別々にぼかしの幅を設定することができます。ここでは「4.0, 4.0」としました。

8 窓を切り抜く

次に窓ガラスの部分を切り抜きます。再び最初に配置した背景のレイヤーを選択して、［Ctrl＋D］キーで複製して、［ペンツール］を使って窓ガラスの部分だけをマスクしていきます（❶）。

1つベジェマスクを作成したらマスクの［モード］を［なし］にしておくと、マスク範囲以外も表示されるので、作業がしやすくなります。また、直線的な窓は、4隅をクリックだけするときれいな直線を描けます。すべてのマスクが作成できたら、各マスクの［モード］を［加算］に設定します（❷）。

9 レイヤーが3つに分けられた

このように、ベジェマスクを使用すると加工したい部分だけレイヤーを分けていくことができます。

ここでは、左手前にある壁と、窓ガラス、

背景と3つに分けることができました。
作成したレイヤーは表示がソース名のまま
だと、どの部分のレイヤーかわからないの
で、[タイムライン]パネルの[ソース名]
の部分をクリックして表示を切り替え（❶、
❷）、レイヤーを選択して[enter]キー
を押すと、レイヤー名を変更することがで
きるので、わかりやすいようにレイヤーの
名前を入力します（❸）。

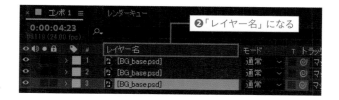

ツタのフッテージを切り抜く

1 フッテージを用意する

背景のレイヤーを分けたところで、右側の
壁に、植物のツタを這わせて映像の雰囲
気を変えてみます。
プロジェクトに読み込まれている植物の写
真のフッテージをタイムラインにドラッグ＆
ドロップして、一番上のレイヤーに配置し
ます。

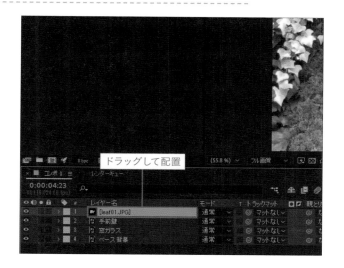

2 不要な部分を消去する

ベジェマスクを使って必要な部分だけをマ
スクする方法は、前のSTEPで紹介してい
るので、ここでは[消しゴムツール]を使っ
て不要な部分を消去する方法を紹介しま
す。まずは、ツールバーの[消しゴムツー
ル]を選択します。

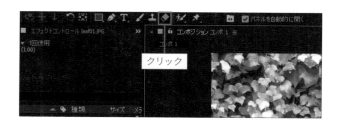

3 ブラシの設定を行う

ツタのレイヤーをダブルクリックして（❶）、
［レイヤー］パネルに表示します。

［消しゴムツール］を選択すると、［ブラシ］
パネルが表示されるので、ブラシの種類や
大きさを選択します（❷）。ブラシは上部
にあるリストから選択するか、消去したい
形状に合わせてブラシのプロパティを調整
していきます。
輪郭に沿って消去するような場合は［直
径］を小さく、広い範囲を消去する場合
は大きくします。また、［硬さ］の値を小さ
くしていくと、ブラシの形状の輪郭がボケ
ていくので、消去した部分の輪郭をぼかす
ときは調整します。

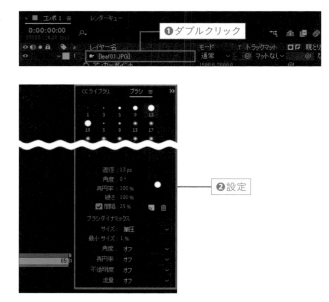

4 いらない部分を消去していく

［消しゴムツール］を少し大きめ（ここで
は直径100px）のブラシに設定して、広
い範囲を消去していきます（❶）。
大きく不要な部分が消去できたら、5pxぐ
らいの小さな直径のブラシで、葉の輪郭
のディテールに沿って不要部分を消去して
いきます（❷）。
形状によりますが、背景と馴染ませたい場
合は、ブラシの［硬さ］の値を小さくして、
ブラシの形状をぼかすと馴染みやすくなり
ます。

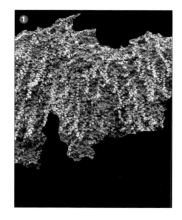

ツタのレイヤーを変形させる

1 [CC Powerb Pin] エフェクトを適用する

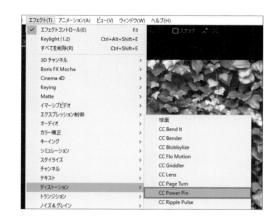

ツタのレイヤーの切り抜きが終了したら、背景の壁の
パースに合わせてツタのレイヤーを変形させます。
レイヤーのパースを変形させるエフェクトは色々ありま
すが、ここでは [CC Power Pin] エフェクトを使用
します。
切り抜いたツタのレイヤーを選択して、[エフェクト] メ
ニューの [ディストーション] から [CC Power Pin]
を選択します。

2 コーナーを移動させて レイヤーを変形させる

[CC Power Pin] エフェクトを適用したレイヤーを選
択して、[エフェクトコントロール] パネルを表示すると、
[CC Power Pin] エフェクトが追加されています。
[Top Left] や [Top Right] といったコーナーピン
の位置を示すプロパティのアイコンをクリックして選択し
（❶）、[コンポジション] パネル上でクリックします。

クリックした位置に、コーナーが移動するので、4つの
コーナーすべてを移動します。コンポジション内に表示
されたコーナーは、それぞれドラッグすると移動させる
ことができるので、壁のパースに合うように各コーナー
をドラッグして移動させます（❷、❸）。
パースを合わせる場合は、コーナーとコーナーを繋ぐ
黄色い補助線が表示されるので、補助線がレンガや壁
の角のラインに合うようにコーナーを移動させます。

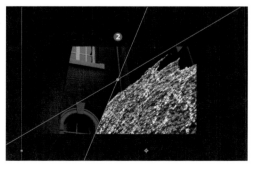

3 コーナーを移動させて レイヤーを変形させる

[CC Power Pin]エフェクトの[Expansion] プロパティの [Bottom] の値を大きくしていくと、パースを維持したまま下方向へ画像を引き伸ばすことができます。スケールが不自然にならない程度に下方に引き延ばして、空間を埋めます。

4 レイヤーを複製して埋めていく

[Expansion] で引き延ばしても空間が空いてしまう場合は、レイヤーを複製して、複製元のレイヤーを少しずらして配置します。[Expansion] はパースを保ったまま画像を引き伸ばすことができるので、葉のスケールが上のレイヤーのスケールと違和感がない大きさになるように調整します。

❶複製し、複製元のレイヤーを移動

❷位置を調整

5 他の壁の面にもツタのレイヤーを複製する

1つの壁がツタで埋まったら、他の壁にもレイヤー複製して配置していきます。
このレイヤーも [CC Power Pin] を使ってパースを調整しますが、壁の幅に合わせると、葉のスケールが縦長になってしまうので、一度複製したレイヤーを [レイヤー] パネルで表示して、[消しゴムツール] で3分の1ぐらいを残して消去すると（❶）、自然なスケールでパースを合わせることができます（❷）。

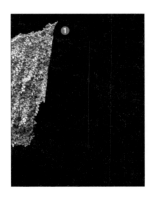

ツタのレイヤーの明るさを調整する

1 レイヤーに［Lumetriカラー］エフェクトを適用する

背景の建物のレイヤーとツタのレイヤーの
明るさが合わないので、ツタのレイヤーの
明るさを［Lumetriカラー］エフェクトで
明るさなどのカラーを調整します。
まずは配置したツタのレイヤーをひとつ選
択して、［エフェクト］メニューの［カラー
調整］から［Lumetriカラー］エフェク
トを選択して適用します。

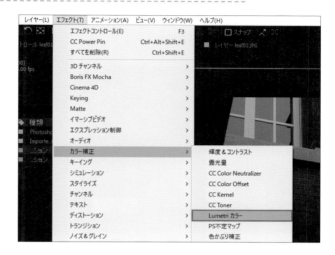

2 露出を調整する

［エフェクトコントロール］で細かい調整を行います。
ツタのレイヤーはかなり明るいので、［Lumetriカラー］の［基本補正］にある［トーン］の［露
出］の値を小さくして壁の明るさに合うように調整します。ここでは、「-1.9」に下げています。

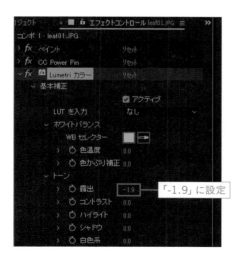

3 ハイライトの色を調整する

ハイライト部分の色が白すぎて気になるので、［カラーホイール］の［ハイライト］のカラーホイールを使って調整します。
カラーホイールの［＋］マークをドラッグして色を選択して、左側にあるスライダーを上にドラッグすると明るく、下にドラッグすると暗くなります。

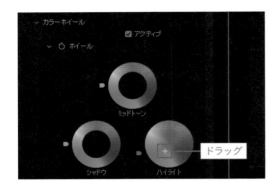

4 他のレイヤーのカラーも変更する

他のツタのレイヤーのカラーも調整します。
ゼロから設定するは面倒なので設定したエフェクトをコピーして、他のレイヤーに貼り付けます。
コピーするには、［エフェクトコントロール］パネルを開いて、コピーしたいエフェクト（ここではLumetriカラー）を選択します。右クリックするとサブメニューが表示されるので、［コピー］を選択します。

5 他のレイヤーにエフェクトをペーストする

エフェクトをコピーしたら、エフェクトを流用したいレイヤーを選択して、［エフェクトコントロール］パネルを開き、エフェクトリストの一番下にあるエフェクトを選択して、右クリックして［ペースト］を選択します。

6 レイヤーに
エフェクトがペーストされた

コピーしたエフェクトが選択したレイヤーに
適用されて、同じ設定のエフェクトが適用
されました。このように同じエフェクトを他
レイヤーでも同じように使いたい場合は、
エフェクトをコピー&ペーストして使用する
と効率的です。

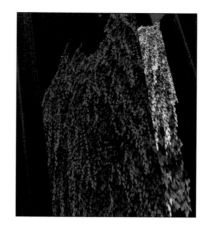

7 ツタのレイヤーすべての
露出を調整する

ツタのレイヤーすべてに［Lumetriカ
ラー］エフェクトをペーストして明るさを整
えていきます。角の部分のレイヤーは少し
暗めの露出に調整しました。

夜の風景に調整する

1 調整レイヤーを追加する

コンポジション全体の明るさや色を調整し
て夜の風景に変更します。
複数のレイヤーにまとめてエフェクトを適用
したい場合は、調整レイヤーを使用します。
調整レイヤーは、調整レイヤーの下に位
置するレイヤーすべてにエフェクトを適用し
ます。
ですので、［タイムライン］パネルで、エフェ
クトを適用したいレイヤーの一番上のレイ
ヤーを選択して、［レイヤー］メニューの
［新規］から［調整レイヤー］を選択します。

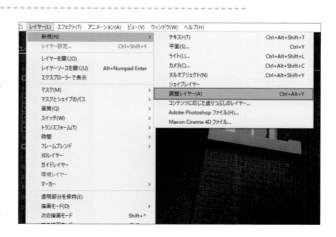

2 調整レイヤーに CC Tonerを適用する

選択されていたレイヤーの上に調整レイヤーが作成されます（❶）。
まずは、全体的な色を調整するため、調整レイヤーを選択した状態で、[エフェクト] メニューの [カラー補正] から [CC Toner] を選択します（❷）。

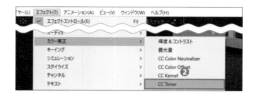

3 CC Tonerを調整する

CC Tonerは、ハイライト、ミッドトーン、シャドウそれぞれにカラーフィルターをかけることができるエフェクトです。夜の設定にしたいので、[Tones] は [Tritone]、[Highlights] は白、[Midtones] は紺色（R:54,G:79,B:112）、[Shadows] は黒に設定しました。
このままだと元の色味が全く無くなってしまうので [Blend w. Original] の値を「10%」に設定して、少し元の色味を残しました。

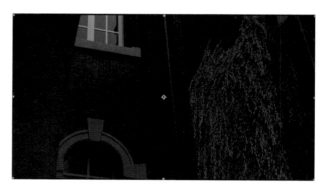

4 露光量を調整する

明るさをもう少し落としたいので、ここでは [露光量] エフェクトを調整レイヤーに適用して、全体的な明るさを調整します。
[エフェクト] メニューの [カラー補正] から [露光量] エフェクトを適用した後、[露出] のプロパティの値を「-2.0」に設定して少し暗く調整しました。

窓を光らせる

1 窓ガラスのレイヤーを移動させる

次に窓ガラスを光らせます。
調整レイヤーの下に窓ガラスのレイヤーが
あると、暗くなってしまうので、窓ガラスの
レイヤーをドラッグして、調整レイヤーの
上に移動します。

2 CC Color Offsetで色を変える

室内の光が漏れているような感じにしたい
ので、窓ガラスのレイヤーに［エフェクト］
メニューの［カラー補正］にある［CC
Color Offset］エフェクトを使ってレイ
ヤーの色を黄色っぽく変化させます。
ここでは、［CC Color Offset］エフェク
トの［Red Phase］を「168°」、［Green
phase］を「113°」、［Blue Phase］を
「-29°」、［Overflow］は「Solarize」に
設定しました。

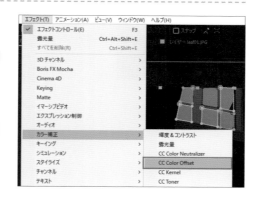

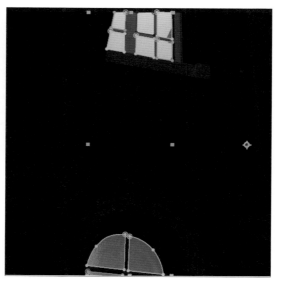

3 グローで光をぼかす

窓ガラスの部分が光ったら、[グロー]エフェクト
を使って光の周りにボケを作成します。
[エフェクト]メニューの[スタイライズ]から[グ
ロー]を選択して適用します。
適用した[グロー]エフェクトは、[グローしきい
値]を「50%」、[グロー半径]を「60」、[グロー
強度]を「1.0」に設定しました。

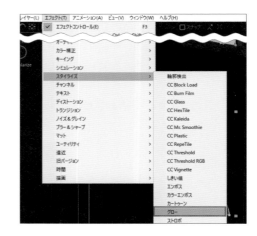

エフェクトを使った

アニメーション作成

After Effectsには300種類近いエフェクトが用意されています。この章ではAfter Effectsに用意されたさまざまなエフェクトから、描画系を中心としたエフェクトを使ってアニメーションを作成する方法を解説します。

01 テキストの周辺をグローさせる

ここではエフェクトにアニメーションを設定してさまざまな映像表現をする方法を紹介します。まずは、テキストの周りにグローを作成してゆらゆらとオーラが立ちのぼるようなアニメーションを作成してみます。

テキストレイヤーを作成する

1 コンポジションを用意する

ここで使用するコンポジションは解像度を [1920×1080]pxに設定。フレームレートは [29.97] fps、デューレーションは [5] 秒、背景色は [ブラック] に設定しました。

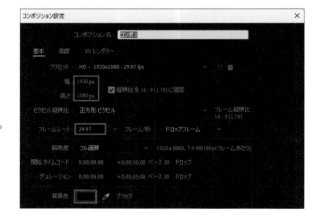

2 テキストレイヤーを作成する

コンポジションを作成したら、テキストレイヤーを作成して、テキストを入力します。ここではわかりやすく少し大きめのフォントサイズでテキストレイヤーにテキストを入力しました。フォントファミリーは「小塚ゴシックPro」、フォントスタイルは「H」、サイズは「660px」に設定しました。文字の色は「R：177、G：242、B：224」に設定しています。

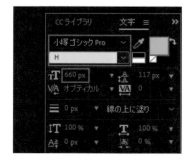

文字の輪郭をトレースする

1 輪郭に沿ってパスを作成する

文字の輪郭だけを光らせたいので、[オートトレース...]の
機能を使って、文字の輪郭をトレースしたパスを作成しま
す。
[オートトレース]を実行するには、作成したテキストレイ
ヤーを選択して、[レイヤー]メニューから[オートトレー
ス...]を選択します。

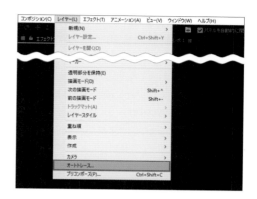

2 オートトレースを設定する

[オートトレース]を実行すると、[オートトレース]の設
定画面が表示されます。
まず、オートトレースを行う範囲を設定します。今回のよう
に静止フッテージや、表示されているフレームだけトレー
スする場合は、[範囲]で「現在のフレーム」を選択しま
す。もしアニメーションをトレースする場合は、「ワークエ
リア」を選択します。
[オプション]は、フレームのどのチャンネルをトレースす
るかのを選択します。
今回はテキストの輪郭をトレースしたいので[チャンネル]
は「アルファ」を選択します。

3 プレビューでトレースの状態を確かめる

[オートトレース]を実行する前に、
[オートトレース]の設定画面にある
[プレビュー]にチェックを入れる
と、[コンポジション]パネルにト
レースされた状態が表示されるので、
正確にトレースされるか確認します。
正確にトレースされない場合は、
[許容量]や[しきい値]の値を
調整してきれいにトレースされるよ
うに設定します。

4 テキストの輪郭に パスが作成される

[オートトレース]の設定画面の[OK]ボタンをクリックすると、オートトレースが実行されて、テキストの輪郭にパス（ベジェマスク）が作成されます。
[タイムライン]パネルを見ると、「オートトレース」と名前のついたレイヤーが作成されています。このレイヤーのプロパティグループを表示すると中にマスクが複数作成されています。

文字の輪郭に揺らぎを作成する

1 輪郭に沿って線を描画する

パスができたところで、輪郭に線を描画します。
「オートトレース」レイヤーを選択して、[エフェクト]メニューの[描画]から[線]を選択します。

2 線の状態を設定する

「オートトレース」レイヤーを選択した状態で、[エフェクトコントロール]パネルを開くと[線]エフェクトのプロパティが表示されます。
文字の輪郭に作成されたパスのすべてを線として描画したいので、[すべてのマスク]にチェックを入れます。[カラー]で線の色を選択して、[ブラシのサイズ]で線の太さを設定します。[ブラシの硬さ]は値を小さくするとボケた線になります。[開始][終了]は線の始点と終点の位置を決めます。線が輪郭に沿って移動するような場合に設定します。[間隔]を大きくすると点線になります。ここでは[カラー]を「R：40、G：120、B：241」、[ブラシのサイズ]を「25.0」、[ブラシの硬さ]を「100%」、[開始]を「0%」、[終了]を「100.0%」に設定しました。

3 [ラフエッジ] を適用する

パスに線が表示されたら、線を歪ませるためめに [エフェクト] メニューの [スタイライズ] から [ラフエッジ] を選択して適用します。

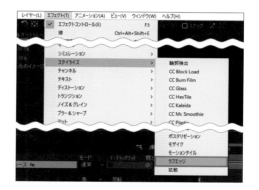

4 [ラフエッジ] を調整する

[ラフエッジ] を適用したら、エッジの形状を揺らめく光のような状態に調整します。
[エフェクトコントロール] パネルで、[エッジの種類] は「ラフ」に設定して、[縁] を「90」にして幅を出します。
エッジの輪郭に対しては、「エッジのシャープネス」を「0.43」に設定して若干ボケた感じにして、[スケール] を「142」に設定してエッジのディテールの大きさを調整します。
エッジの輪郭を少し上下方向に引き延ばしたいので [幅または高さを伸縮] を「-0.8」にして少し上下に引き延ばします。値を大きくすると横に引き延ばされます。

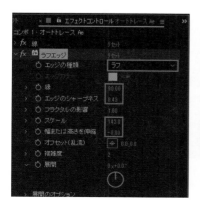

5 [ラフエッジ] をアニメーションさせる

エッジの形状ができたら、エッジの輪郭を
アニメーションさせます。アニメーションさ
せるには［展開］の値にキーを作成します。
タイムラインの時間インジケータを0秒に
移動して（❶）、［展開］のストップウォッ
チアイコンをクリックして、キーを作成しま
す（❷）。

6 [ラフエッジ] をアニメーションさせる

タイムラインの時間インジケータを5秒の位置に移動させて（❶）、［展開］の値を「4×
+0.0」に設定します（❷）。プレビューを再生すると、ゆっくりエッジの模様が動いているの
がわかります（❸）。

文字の輪郭を更に変形させる

1 ［メッシュワープ］を適用する

［ラフエッジ］で変形させた輪郭をさらに
変形させるために、オートトレースのレイ
ヤーに［メッシュワープ］を適用します。
［メッシュワープ］は［エフェクト］メニュー
の［ディストーション］から［メッシュワー
プ］を選択して適用します。

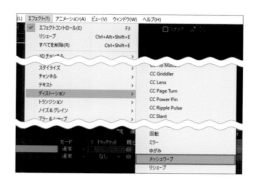

2 ［メッシュワープ］を設定する

［メッシュワープ］は適用したメッシュを変形させることでレイヤーの映像を変形させるエフェク
トです。変形の細かさや複雑さはメッシュの量によるので、細かく変形させたい場合は、［行］
と［列］の値を大きくします。ここでは［行］を「12」、［列］を「25」に設定しました。

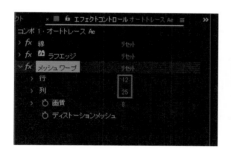

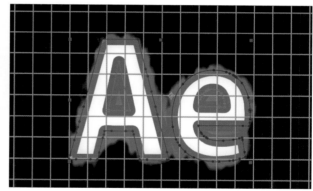

3 メッシュを変形させる

メッシュの行と列の交点部分をドラッグし
て、ラフエッジで生成された揺らぎを上方
向に引き延ばしていきます。変形させると
きに文字部分があまり変形されないように
します。もし途中でメッシュが非表示になっ
てしまったら、［エフェクトコントロール］
パネルで［メッシュワープ］をクリックします。

4 [グロー] エフェクトを適用する

最後に、[エフェクト] メニューの [スタイ
ライズ] から [グロー] を選択して [グ
ロー] エフェクトを適用します。[グロー半
径] を「60」%、[グロー強度] を「1.3」
に設定します。

5 レイヤーを入れ替える

[グロー] エフェクトが適用されたところで、
元のテキストレイヤーをオートトレースで作
成したレイヤーより上の位置にドラッグ&ド
ロップして順番を変えます。

6 レイヤーモードを切り替える

レイヤーの位置を変更したら、一番上になった
テキストレイヤーのレイヤーモードを［ソフトラ
イト］に設定します。

7 プレビュー再生する

完成したらプレビューを再生します。テキストの周りのオーラのようなエフェクトがメラメラと動
くアニメーションが再生されます。

壊れたモニター風
デジタルグリッチの作成

ここではテキストがデジタルノイズによって表示が乱れる、デジタルグリッジのエフェクト
アニメーションを作成します。

テキストレイヤーを作成する

1 コンポジションを用意する

ここで使用するコンポジションは解像度を
[1920×1080]pxに設定。フレームレー
トは [29.97] fps、デューレションは [5]
秒、背景色は [ブラック] に設定しました。

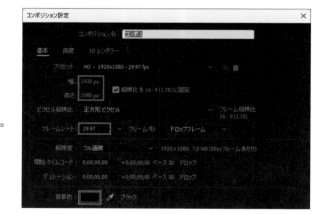

2 テキストレイヤーを作成する

次に [テキストツール] を選択して、[コン
ポジション] パネルに表示されたコンポジ
ション上でクリックしてテキスト入力し、テ
キストレイヤーを作成します。フォントファ
ミリーは「小塚ゴシックPro」、フォントス
タイルは「H」、サイズは「204px」に設
定しました。文字の色は「R：23、G：
198、B：163」に設定しています。

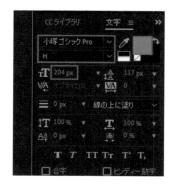

ブロックディゾルブでテキストを部分的に欠損させる

1 テキストレイヤーに ブロックディゾルブを適用する

レイヤーの映像を部分的に欠損させる手法は色々とありますが、ここではブロックディゾルブを使います。
作成したテキストレイヤーを選択して、[エフェクト] メニューの [トランジション] から [ブロックディゾルブ] を選択します。

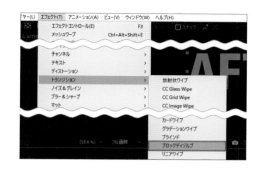

2 ブロックディゾルブを設定する

テキストレイヤーに [ブロックディゾルブ] を適用したら、デジタルグリッジのベースとなる、テキストの欠損状態を設定していきます。
まずは [エフェクトコントロール] パネルを開いて、[ブロックディゾルブ] の [変換終了] の値を「50」%に設定します。
トランジションエフェクトでは、「変換終了」を50%に設定すると上のレイヤーと下のレイヤーが半分ずつ表示された状態になります。この例では、下にレイヤーがないので、コンポの背景色の黒がブロック状に表示されています。

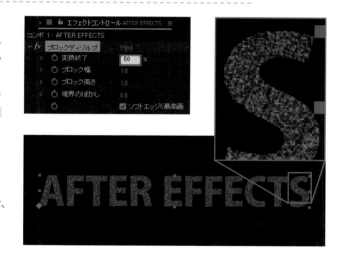

3 ブロックの大きさを設定する

ブロックの大きさを設定します。まず [ソフトエッジ] のチェックをクリックしてオフにします。そしてここでは [ブロック幅] の値を「30」、[ブロック高さ] の値を「30」に設定して、正方形のブロックに設定しました。文字の大きさによっては、ほとんど文字が消えてしまったり、逆に小さくしか欠けなかったりするので、ブロックの大きさは文字の大きさに合わせて調整します。

CHAPTER 5
CHAPTER 6
CHAPTER 7
CHAPTER 8

ブロックをExpressionで動かす

1 「変換終了」の値をランダムに変更する

次にブロックが不規則に動くようなアニメーションを設定します。

不規則に動かすには、「ブロックディゾルブ」の[変換終了]の値を、Expressionというスクリプトで値を操作する機能を使って、ランダムに変更させます。

値にExpressionを適用するには、[ブロックディゾルブ]のレイヤープロパティを展開して、[変換終了]プロパティを選択します。

2 「変換終了」の値にエクスプレッションを適用する

[変換終了]プロパティを右クリックし、表示されたメニューから[エクスプレッションを編集]を選択します。

3 ランダムをエクスプレッションに追加する

プロパティにエクスプレッションが適用されたら、エクスプレッションに表示されている ▶ をクリックして、[RandomNumbers]から[random()]を選択します。

4 値が変化する幅を設定する

値がランダムに変化する幅を設定します。エクスプレッションの欄に表示されているrandomを
クリックすると、編集モードに切り替わるので（）の中に(40,60)と入力します。この例では、
［変換終了］の値が40%から60%の間で1フレームごとにランダムに変化します。

5 プレビューを再生する

プレビューを再生すると、文字がブロック
状に欠けるアニメーションが再生されます。

色収差を設定する

1 色収差用のレイヤーを作成する

文字が欠けるアニメーションだけだと面白くないのでRGBの各チャンネルがそれぞれ欠けてズレるような色収差の公開を作成していきます。

エフェクト作成用に文字が欠けるアニメーションを作成したレイヤーを選択して[Ctrl+D]で複製します。

2 [チャンネル設定]エフェクトを適用する

テキストに色収差のエフェクトを設定する場合、テキストの色を赤、青、緑に変更してずらす方法が簡単ですが、ここではテキストが単色ではない場合や映像にも使える[チャンネル設定]エフェクトを使用します。

複製したテキストレイヤーを選択して、[エフェクト]メニューの[チャンネル]から[チャンネル設定]を選択します。

3 赤のチャンネルだけ表示する

テキストレイヤーの赤のチャンネルだけ表示させるために、[エフェクトコントロール]パネルの[チャンネル設定]のプロパティを表示して、[ソース1に赤を設定]のプロパティを「フルオン」に設定します。

その他のプロパティは「フルオフ」に設定します。

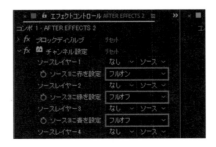

4 緑のチャンネルだけ表示する

赤のチャンネルを表示したテキストレイ
ヤーを複製して、[チャンネル設定]の
[ソース2に緑を設定]のプロパティを「フ
ルオン」に設定して、他の設定を「フルオ
フ」に設定します。

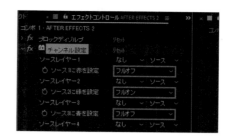

5 青のチャンネルだけ表示する

緑のチャンネルを表示したテキストレイ
ヤーを複製して、[チャンネル設定]の
[ソース2に青を設定]のプロパティを「フ
ルオン」に設定して、他の設定を「フルオ
フ」に設定します。

6 各チャンネルの位置をずらす

赤緑青のレイヤーが作成できたら、各チャ
ンネルのレイヤーの位置を少しずらします。
図では赤のレイヤーを左へ（ここではXを
「10」マイナス）、緑のレイヤーを下に（Y
を「15」プラス）、青のレイヤーを右に（X
を「3.4」プラス）ずらしました。

7 各チャンネルの レイヤーモードを変更する

元のレイヤーと、赤緑青の各レイヤーのレイヤーモードを「スクリーン」に設定します。

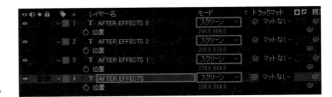

8 元のテキストレイヤーの エフェクトを調整する

各チャンネルのレイヤーが重なると元のテキストが認識しにくくなるので、元のテキストレイヤーに適用した［ブロックディゾルブ］の［ブロック幅］［ブロック高さ］の値を調整します。
図では［ブロック高さ］を「4.0」に設定しました。

9 全体的にグローを適用する

最後に一番上のレイヤーを選択した状態で［レイヤー］メニューから［新規］→［調整レイヤー］を選択して、調整レイヤーを作成します。
［エフェクト］メニューの［スタイライズ］から［グロー］を選択して適用します。［グロー］エフェクトの設定は、［グローしきい値］を「50%」、［グロー半径］を「23.0」に設定しました。

10 プレビューを作成する

プレビューを再生すると壊れた液晶モニターに文字が表示されているようなアニメーションが再生されます。

03 映像に残像を生成する

ここでは映像中の動いている部分の残像を生成するモーションブラーのエフェクトを作成
します。ここでは、動きのある円状のシェイプにモーションブラーを生成します。

パスを使ってシェイプレイヤーをアニメーションさせる

1 コンポジションを作成する

ここで使用するコンポジションは解像度を
[1920×1080]pxに設定します。フレー
ムレートは [29.97] fps、デューレショ
ンは [5] 秒、背景色は [ブラック] に
設定しました。

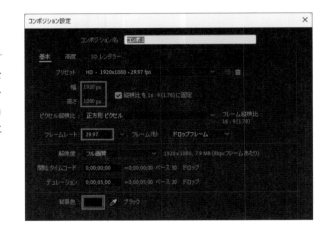

2 [楕円形ツール] でシェイプレイヤーを作成する

ここでは、円形のシェイプレイヤーを作成
して動きを作成して、その動きにモーショ
ンブラーを適用してみます。
まずは [楕円形ツール] を選択して（❶）、
[Shift] キーを押しながらドラッグして円
形のシェイプレイヤーを作成します（❷）。

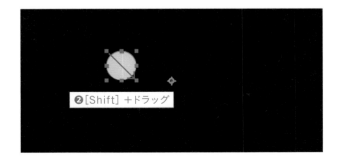

3 アンカーポイントを移動する

❶クリック

円形シェイプのアンカーポイントがシェイプから離れてしまっているので、[アンカーポイントツール]を選択して（❶）、ドラッグしてシェイプの中央にアンカーポイントを移動させます（❷）。

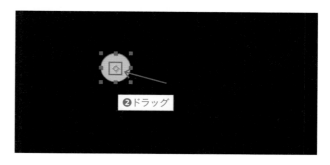

❷ドラッグ

4 パス作成用のレイヤーを作成する

ここでは、パスに沿ってシェイプレイヤーを動かしていきます。パスを作成するためのレイヤーを平面レイヤー（P.157）で作成します。[レイヤー]メニューの[新規]から[平面...]を選択して、背景が黒の平面レイヤーを作成します。

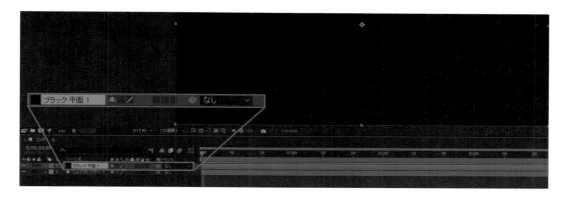

5 平面レイヤーにパスを作成する

作成された平面レイヤーを選択して、[ペンツール]を使って（❶）、平面レイヤー上にシェイプの動きに使用する軌跡をパスで描いていきます（❷）。

❶クリック

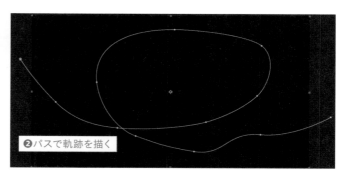

❷パスで軌跡を描く

6 マスクパスをコピーする

平面レイヤーのマスクプロパティを展開して、[マスクパス]を選択して、[Ctrl+C]でコピーします。

7 シェイプレイヤーの [位置]にペーストする

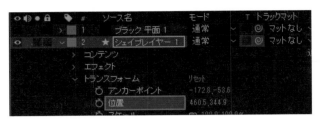

マスクパスがコピーできたら、シェイプレイヤーを展開して、[トランスフォーム]の[位置]プロパティを選択して[Ctrl+V]でペーストします。するとパスの形状通りのモーションパスがシェイプレイヤーに作成されます。

8 シェイプレイヤーの アニメーションが作成された

平面レイヤーを非表示にしてプレビューを作成すると、シェイプレイヤーがペーストされたパスに沿ってアニメーションされます。

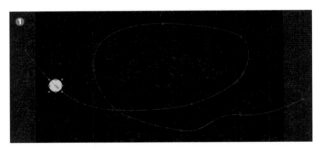

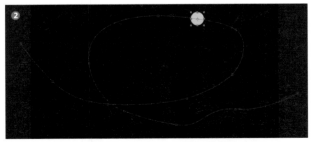

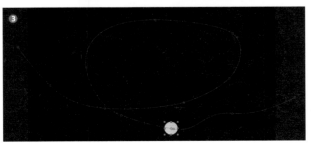

After Effectsのネイティブモーションブラーを使用する

1 モーションブラーの スイッチをオンにする

After Effectsでコンポジットの動きに モーションブラーを生成するには、いくつ かの方法があります。
まずは、After Effectsのネイティブモー ションブラーを使って、モーションブラー を生成します。ここでは、テキストレイヤー の［モーションブラー］スイッチをオンに します。

［モーションブラー］スイッチがない？

もし、［モーションブラー］スイッチが見当たらない場合は、 ［タイムライン］パネル下部の［スイッチ/モード］をクリック します。

2 モーションブラーを 表示可能にする

［モーションブラー］スイッチをオンにした だけでは、レイヤーにモーションブラーが 表示されません。モーションブラーを表示 するには、［タイムライン］パネルの［モー ションブラー］のアイコンをクリックしてオ ンにします（❶）。すると［コンポジション］ パネルに表示されたレイヤーにモーション ブラーが生成されます（❷）。

❶クリック

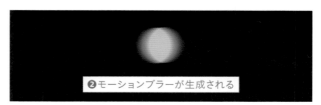
❷モーションブラーが生成される

3 ［コンポジション設定］を 表示する

モーションブラーのボケ具合を調整するに は、［コンポジション設定］の［高度］タ ブにある［モーションブラー］で調整します。 ［コンポジション］メニューから［コンポジ ション設定...］を選択して（❶）、［コンポジ ション設定］ウィンドウを表示します（❷）。

映像に残像を生成する

4 モーションブラーの ボケ具合を調整する

[高度] タブをクリックして表示を切り替えると、[モーションブラー] の設定が表示されるので、[シャッター角度]、[シャッターフェーズ]、[フレームあたりのサンプル数]、[最大適応サンプル数] の値を調整して、モーションブラーのボケ具合を調整していきます。

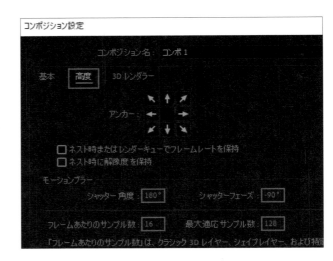

[シャッター角度] は、ボケの長さを設定します。角度が大きくなるほどボケが長くなります。

[シャッターフェーズ] は、ブラーがかかるタイミングを設定します。値が大きくなるとタイミングが早くなるので、実際のシェイプの位置と描画されるシェイプの位置がズレてきます。

[フレームあたりのサンプル数] はシェイプレイヤーなどで生成されるボケの解像度を設定します。サンプル数が少なくなると、エコーのような状態になります。

[最大適用サンプル数] は2Dレイヤーに自動的に生成されるモーションブラーの解像度の最大値を設定できます。

[シャッター角度]：90°

[シャッター角度]：360°

[シャッターフェーズ]：−360°

[シャッターフェーズ]：360°

[フレームあたりのサンプル数]：4

[フレームあたりのサンプル数]：24

5 プレビューを生成する

プレビューを生成するとシェイプの動きに合わせてモーションブラーが生成されます。
ブラーの状態は、[コンポジション設定]の[モーションブラー]の設定や、シェイプの動くスピードによっても変化します。

作例では、[モーションブラー]の設定を[シャッター角度]を「360°」、[シャッターフェーズ]を「-90°」、[フレームあたりのサンプル数]を「24」、[最大適用サンプル数]を「128」に設定しています。

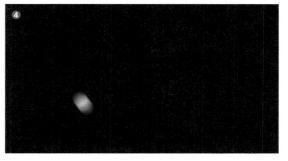

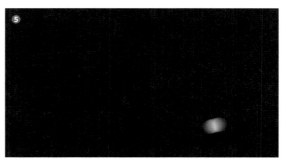

映像に残像を生成する

［エコー］エフェクトを使ってさらにブラーを長くする

1 ［エコー］エフェクトを適用する

ネイティブのモーションブラーだけでは、
ブラーの尾を引く長さが足りないという場
合は、［エコー］エフェクトを併用します。
アニメーションが付いているシェイプレイ
ヤーを選択して、［エフェクト］メニューの
［時間］から［エコー］を選択します。［エ
コー］は残像を生成するためのエフェクト
です。

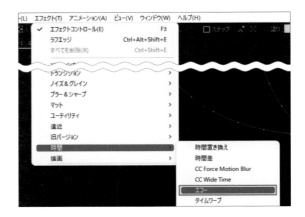

2 ［エコー］エフェクトを設定する

いったん［モーションブラー］は非表示にしておきます。
シェイプレイヤーの［エフェクトコントロール］パネルに［エコー］エフェクトの設定が追加さ
れているので、まずは［エコー時間］と［エコーの数］を設定します。
［エコー時間］は残像が描画される時間間隔を設定し、［エコーの数］は残像の数を設定しま
す。作例では［エコー時間］を「-0.015」、［エコーの数］を「12」に設定しました。

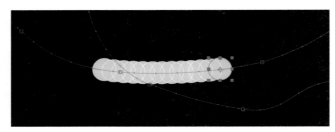

3 ［エコー］エフェクトに減衰を設定する

［エコー］エフェクトの［減衰］の値を調整すると、徐々に残像が薄くなるように設定すること
ができます。作例では［減衰］を「0.8」に設定しました。

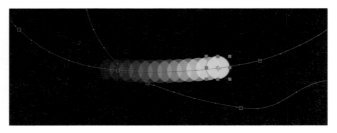

4　モーションブラーを適用する

シェイプレイヤーの［モーションブラー］スイッチをオンにして、モーションブラーを設定すると、長い尾を引くアニメーションが生成されます。バンディング（濃淡のすじ）が気になるときは、［エコーの数］を増やしたり、［エコー時間］を調整します。

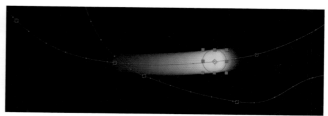

［ラフエッジ］エフェクトを使ってディテールを足す

1　［ラフエッジ］エフェクトを適用する

［エコー］エフェクトだけでは、ブラーの終端が先細っているような感じにならないので、［ラフエッジ］エフェクトを使って先細り感と炎のような輪郭のディテールを加えてみます。シェイプレイヤーを選択して、［エフェクト］メニューの［スタイライズ］から［ラフエッジ］を選択して適用します。

2　エッジの形状を調整する

［ラフエッジ］エフェクトは、シェイプなどの輪郭にノイズ状の変形を加えることができます。
ここでは［エッジの種類］を「ラフ&カラー」、［エッジカラー］を「R：228、G：60、B：9」、［縁］を「25.20」、［エッジのシャープネス］を「0.54」、［フラクタルの影響］を「0.71」、［スケール］を「70」、［幅または高さを伸縮］を「1.60」に設定しました。
その他はデフォルトの数値のままです。

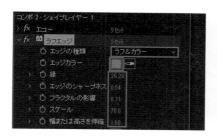
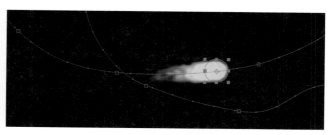

CHAPTER 5
CHAPTER 6
CHAPTER 7
CHAPTER 8

3 プレビューを生成する

プレビューを生成すると輪郭にディテールをある
火の玉のようなアニメーションが再生されます。
プレビュー再生時には、［モーションブラー］の
スイッチはオンになっています。

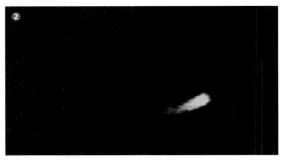

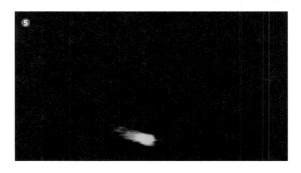

映像に雪を生成する

ここでは映像に雪のエフェクトを生成する方法を解説します。雪はCC Snow Fallエフェクトを使用しますが、CC Snow Fallは雪の他にもさまざまな使い方ができる便利なエフェクトです。

CC Snow Fallエフェクトを適用する

1 コンポジションを作成する

ここで使用するコンポジションは解像度を [1920×1080]pxに設定します。フレームレートは [29.97] fps、デューレションは [5] 秒、背景色は [ブラック] に設定しました。

2 背景画像を読み込む

プロジェクトへ背景用の画像をフッテージとして読み込み、タイムラインに配置します。

使用ファイル：town_cloudy.psd

3 平面レイヤーを作成する

［レイヤー］メニューの［新規］から［平面...］を選択して、背景が［ブラック］の平面レイヤーを作成します。

4 CC Snowfallを適用する

作成した平面レイヤーを選択して［エフェクト］メニューの［シミュレーション］から［CC Snowfall］を選択します。

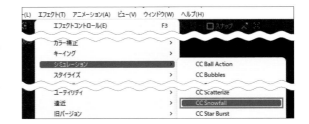

5 雪の大きさと量を設定する

コンポジションの解像度にもよりますが、デフォルトが設定だと雪がほとんど見えないので、［エフェクトコントロール］で各プロパティを設定していきます。

雪の粒の大きさは［Size］で行います。サイズを調整しながら［Flakes］で雪の量を調整します。作例は［Flakes］を「5000」、［Size］を「15」に設定しました。［Variation］の値は指定した割合で大きさにばらつきを表現できるので、より自然な見え方になります。

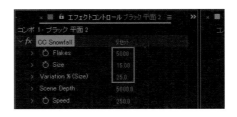

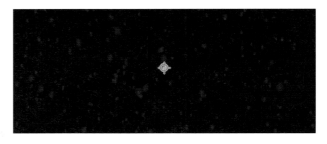

6 雪の効果速度を設定する

雪が落ちてくるスピードは［Speed］プロパティで調整します。［Speed］の値が大きくなると早く、小さくなると遅くなります。作例では「100」に設定しました。［Speed］の値も、［Variation%(Speed)］でばらつきを与えることができます。ここでは「50.0」にしました。

7 動きに揺らぎを与える

雪の降下速度が速い場合は、雪の動きが直線的でも違和感ありませんが、遅い場合は空気の抵抗からゆらゆらと動いた方が自然なので、［Wiggle］の値を調整して揺らぎの程度を調整します。

［Amount］で揺らぐ量を設定します。あまり大きくすると風が捲いているような動きになってしまうので注意します。

［Variation%(Amount)］で［Amount］の量に幅を持たせます。

［Frequency］は、揺れの頻度を設定します。値を大きくすると揺れの回数が多くなります。

［Variation(Frequency)］は［Frequency］で設定した値に幅をもたせます。

作例では［Wiggle］の［Amount]を「15」、［Variation%(Amount)］を「0.5」、［Frequency］を「1.3」、［Variation(Frequency)］を「40」に設定しました。

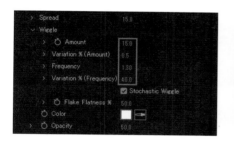 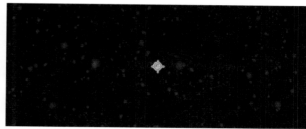

エフェクトに遠近感をつける

1 レイヤーモードを変更する

エフェクトを適用しただけだと背景のレイヤーが見えないので、CC Snowfallを適用した平面レイヤーのレイヤーモードを［加算］に設定します。

背景のフッテージに雪が合成された状態になります。ただ、背景のパースに雪のパースがあっていないので雪のパースを修正していきます。

2 CC Power Pinを適用する

CC Snowfallが適用されている平面レイヤーを選択して、[エフェクト] メニューの [ディストーション] から [CC Power Pin] を選択します。

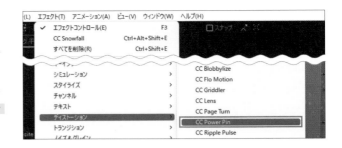

3 平面レイヤーを変形させる

[エフェクトコントロール] パネルで、[CC Power Pin] の [Bottom Left] (ここでは-359) と [Bottom Right] (ここでは2334) のXの値を調整して、平面レイヤーのパースが、背景のパースに合うように変形させます。

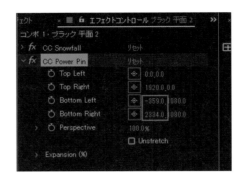

4 雪を目立たせる

背景と合成したときに、雪が目立たない場合は、CC Snowfallを適用した平面レイヤーを選択して、[Ctrl+D] キーを押して複製します。すると雪がはっきりしてきます。表現したい雪の濃度に合わせて、複製を繰り返します。作例は3つのレイヤーを重ねています。

5 プレビューを生成する

プレビューを生成すると街に雪が降っているアニメーションが再生されます。

［CC Snowfall］エフェクトは単純に雪を表現するたけではなく、光の中に舞う塵や、光の粒子が浮かび上がるようなエフェクトを作成することもできるので、工夫次第で色々と応用範囲が広いエフェクトです。

Chapter 7 | エフェクトを使ったアニメーション作成

レーザー照明風エフェクトを作成

ここでは［レーザー］エフェクトや［線］エフェクトを使って、ステージ照明などに使われるレーザー照明風のエフェクトを作成してみます。

［レーザー］エフェクトを適用する

1 コンポジションを作成する

ここで使用するコンポジションは解像度を
［1920×1080］pxに設定します。フレームレートは［29.97］fps、デュレーションは［5］秒、背景色は［ブラック］に
設定しました。

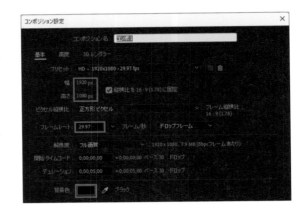

2 平面レイヤーを作成する

［レーザー］エフェクトを適用するための
平面レイヤーを作成します。［レイヤー］メ
ニューの［新規］から［平面...］を選択
します。解像度はコンポジションと同じ、
背景色は［ブラック］に設定します。

3 ［レーザー］エフェクトを適用する

作成した平面レイヤーを選択して、［エフェクト］メニューの［描画］から［レーザー］
を選択します。

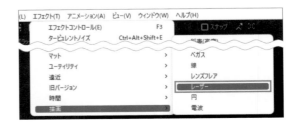

224

4 レーザーの方向を設定する

描画されるレーザーは、［開始点］と［終了点］で方向を決めることができます。［エフェクトコントロール］パネルの［開始点］にあるポイントアイコンをクリックして（❶）、コンポジット上で開始点にしたい位置でクリックします（❷）。［終了点］も同様に［終了点］のポイントアイコンをクリックして（❸）、コンポジット上で終了点にしたい位置でクリックします（❹）。

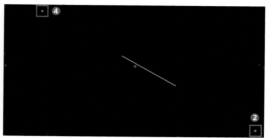

5 レーザーの長さを設定する

描画されるレーザーの長さは、［長さ］で設定します。値はレーザーの長さが［開始点］と［終了点］を結んだ線分を占めるパーセンテージです。「100％」で［開始点］から［終了点］を繋ぐレーザーになります。作例は「100％」に設定した状態です。

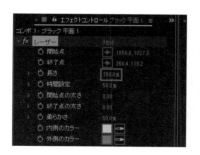
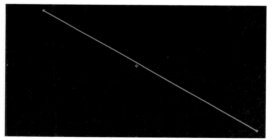

6 レーザーにパース感を出す

このままだと直線的で遠近感がないので、［終了点の太さ］の値を大きくして、手前に向かってきているような遠近感を差設定します。作例では［50］に設定しました。

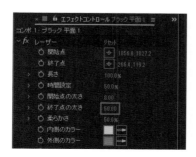
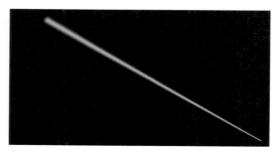

7 レーザーの色を変更する

レーザーの色はデフォルトでは赤みがかっているので、緑系に変更してみます。
色を変更するには、[内側のカラー]と[外側のカラー]を変更します。
それぞれのカラーをクリックしてカラーセレクターを表示して、色を変更します。
レーザー風にするには、内側の色が明るく見えるような色の組み合わせにします。

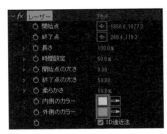
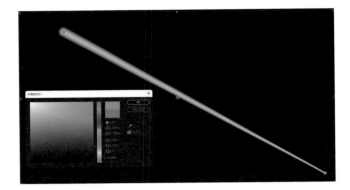

ここでは[内側のカラー]を「R：203、G：230、B：187」、[外側のカラー]を「R：108、G：255、B：0」に設定

[レーザー]エフェクトにアニメーションを付ける

1 終了点の位置を設定する

レーザーのラインが右から左に流れていくアニメーションを作成します。まずは[レーザー]エフェクトの[終了点]のポイントアイコンをクリックして（①）、最初のレーザーの位置をコンポジション上でクリックして設定します（②）。

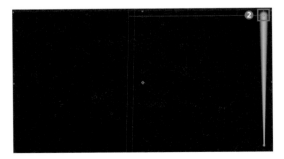

2 終了点の位置にキーフレームを追加する

タイムラインの時間インジケータを0秒の位置に移動して（①）、[終了点]プロパティのストップウォッチアイコンをクリックしてキーフレームを追加します（②）。

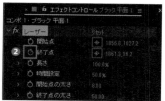

3 終了点の最終位置にキーフレームを追加する

タイムラインの時間インジケータを2秒の位置に移動して（❶）、[終了点] プロパティのポイントアイコンをクリックして選択し（❷）、終了点の移動先をコンポジション上でクリックします（❸）。

4 プレビューを再生する

0秒と2秒に位置に [終了点] のキーフレームを追加したら、プレビューさせながら、途中の [終了点] の位置をドラッグして変更しながら動きを修正していきます。
[終了点] がなるべくコンポジションの外になるように動きを修正していくと、レーザー照明的な動きになります。

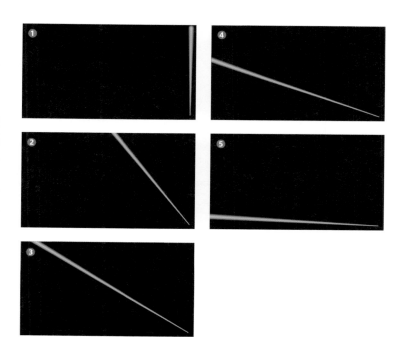

レーザーに残像を生成する

1 [エコー] エフェクトを適用する

レーザーのラインが1本だと寂しいので、複数のラインが残像の様に生成されるようにします。
ここでは [エコー] エフェクトを使用します。
[レーザー] エフェクトを適用した平面レイヤーを選択して、[エフェクト] メニューの [時間] から [エコー] を選択します。

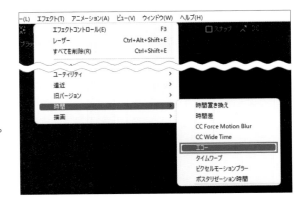

2 残像の数を設定する

まずタイムラインの時間インジケータをレーザーのラインがわかりやすい秒数に移動しておきます（❶）。そして [エフェクトコントロール] パネルの [エコー] エフェクトの [エコーの数] を作例では「8」に設定しました（❷）。

3 残像の間隔を設定する

レーザーの残像の間隔は、「エコー時間（秒）」で設定します。作例では「-0.1」に設定しました。

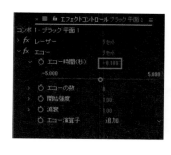

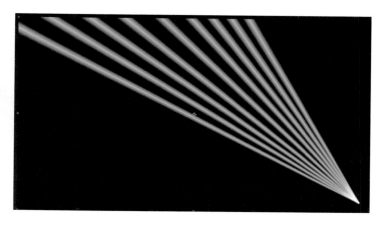

4 プレビューを再生する

プレビューを再生すると、レーザーの動き
に合わせて残像的にレーザーの本数を増
やしたアニメーションが再生されます。

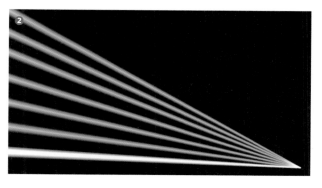

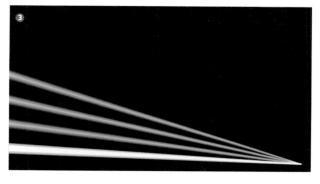

図形に沿ってレーザーを照射する

1 コンポジションを複製する

次に図形に沿ってレーザーが照射されてい
るようなアニメーションに変更してみます。
作成したコンポジションを再利用したいの
で、[プロジェクト]パネルで作成されたコ
ンポジションを選択して、[Ctrl+D]キー
を押してコンポジションを複製し、元のレ
イヤーの下にドラッグします。

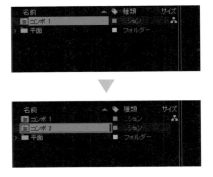

2 複製したコンポジションを開く

複製したコンポジションを[プロジェクト]
パネルでダブルクリックして開きます。

3 [終了点]のキーを削除

タイムラインで複製したコンポジットを展開して、[レーザー]エフェクトの中の[終了点]プロ
パティのキーをすべて選択して[Delete]キーを押して削除します。

4 パス用の平面レイヤーを作成する

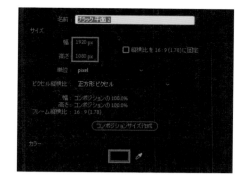

［レイヤー］メニューの［新規］から［平面...］を選択して、レーザー先端の軌跡をコントロールするためのパスを作成するためのレイヤーを作成します。大きさはコンポジションと同じ解像度で、背景色は［ブラック］にしました。

5 平面レイヤーにマスクを作成する

作成した平面レイヤーを選択して、［長方形ツール］を使って、平面レイヤー上でドラッグして長方形のマスクを作成します。

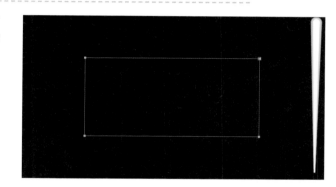

6 マスクパスをコピーする

［タイムライン］パネルで新しく作成した平面レイヤーを選択し、プロパティで［マスクパス］を選択して［編集］メニューから［コピー］を選択するか、［Ctrl+C］キーでコピーします。

7 時間インジケータを移動する

時間インジケータを、アニメーションを開始したい場所に移動します。ここでは0秒に移動しました。

8 パスをペーストする

パスを作成した平面レイヤーは非表示にしておきます（❶）。
［レーザー］エフェクトが適用されている平面レイヤーを選択して展開し、［レーザー］エフェク
トのプロパティにある［終了点］プロパティを選択して、［編集］メニューから［ペースト］を
選択するか［Ctrl+V］キーでペーストします。
すると、［終了点］にキーフレームが作成されます。

9 レーザーを細くする

［エフェクトコントロール］パネルを開き、［レーザー］エフェクトの［終了点の太さ］の値を
調整して、わかりやすいように細くしました。ここでは「20」にしました。

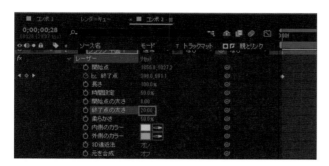

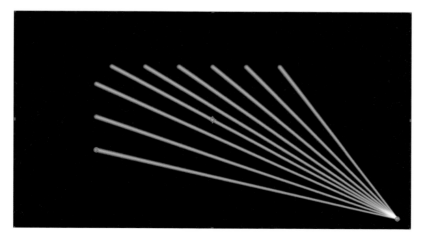

10 プレビューを再生する

プレビューを再生すると、レーザーの終点が四角いパスに沿って動いていくのがわかります。作例ではモーションブラーのスイッチもオンにしてあります。

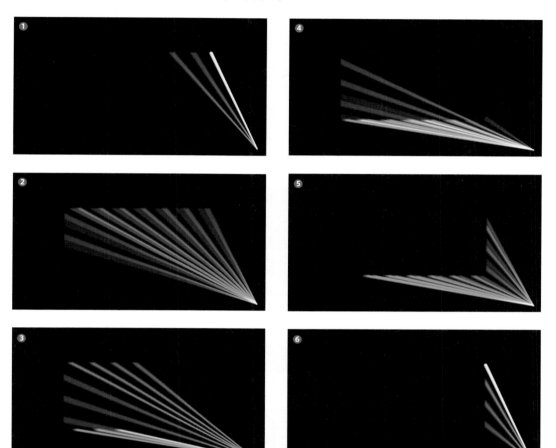

06 キラキラエフェクトを作成する

ここでは [CC Particle World] エフェクトを使ってキラキラとした粒子エフェクトの作成方法について紹介します。

[CC Particle World] エフェクトを適用する

1 コンポジションを作成する

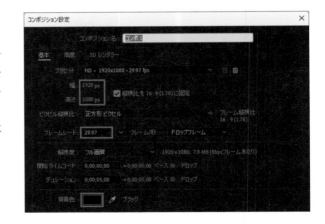

ここで使用するコンポジションは解像度を [1920×1080]pxに設定します。フレームレートは [29.97] fps、デューレションは [5] 秒、背景色は [ブラック] に設定しました。

2 平面レイヤーを作成する

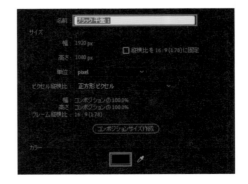

[CC Particle World] エフェクトを適用するための平面レイヤーを作成します。[レイヤー] メニューの [新規] から [平面...] を選択します。解像度はコンポジションと同じ、背景色は [ブラック] に設定します。

3 [CC Particle World] エフェクトを適用する

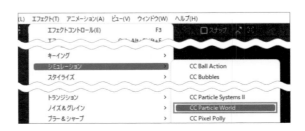

作成した平面レイヤーを選択して、[エフェクト] メニューの [シミュレーション] から [CC Particle World] を選択します。

4 CC Particle Worldが表示される

レイヤーに［CC Particle World］エフェクトが適用されると、［コンポジット］パネルに、グリッドとパーティクルの発生源(Producer)が表示されます。
［CC Particle World］エフェクトは、擬似的な3次元の空間内でパーティクルを生成することができるので、コンポジットの左上にワールドを回転させるためのマニピレータが表示されています。このアイコンをドラッグすることで、パーティクルを見る方向を回転させることができます。

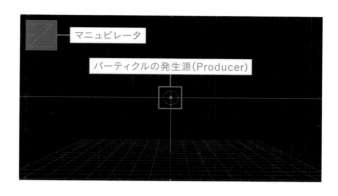

5 パーティクルを再生する

タイムラインの時間インジケータをドラッグして動かすとパーティクルが発生しているのがわかります。

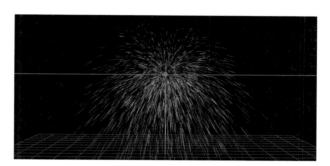

パーティクルの形状を変更する

1 パーティクルを星形に変更する

デフォルトではパーティクルの形状が線状になっているので、星形に変更します。
［エフェクトコントロール］パネルの［Particle］プロパティにある［Particle Type］から
［Star］を選択します（❶）。するとパーティクルの形状が星形に変化します（❷）。

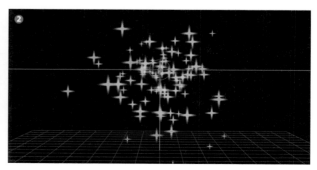

2　パーティクルのサイズを変更する

形状を変更したらパーティクルのサイズを変更します。

パーティクルのサイズは［Birth Size］が発生時の大きさ、［DeathSize］が消滅時の大きさです。ここでは［Birth Size］を「0.2」、［Death Size］を「0.0」に設定しました。

［Size Variation］を設定すると、大きさにばらつきをつけることができるので、ここでは「50%」に設定しました。発生から徐々に小さくなりながら消滅します。

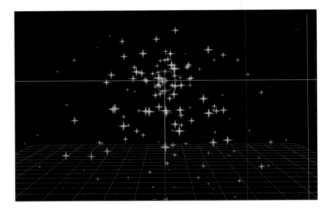

3　パーティクルの色を変更する

パーティクルの色は［Opacity Map］で設定します。

［Color Map］の種類を切り替えることで、発生から消滅までの色に変化を付けることができます。

デフォルトでは「Birth to Death」に設定されているので、［Birth Color］に設定した色から［DeathColor］で設定した色に徐々に変化します。［Origin］が付いている設定は［Birth Color］または［DeathColor］で設定した単色が徐々に暗くなったり、徐々に明るくなる設定です。

作例では、［Birth color］を白、［Death Color］を青に設定しました。

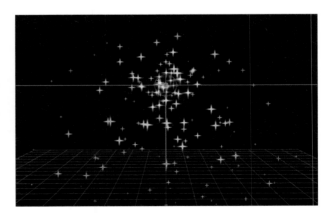

パーティクルの発生源を移動させる

1 パーティクルの軌跡を設定する

Particle Worldはパーティクルの発生源をXYZ方向へ3次元的に移動させることができるのが特徴となっているので、ここでは画面左奥から右下手前にパーティクルが弧を描いて飛んでくるアニメーションを作成します。
パーティクルの発生源の位置を設定するのは、[Producer] プロパティで行います。

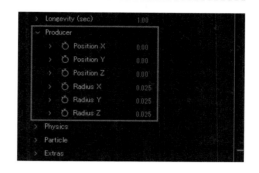

2 スタート位置を設定する

パーティクルのスタート位置を設定します。
タイムラインのインジケータを0秒に位置に設定し（❶）、[Producer] の [Position X] を「-3.70」、[Position Y] を「-0.30」、[Position Z] を「7.00」に設定しました（❷）。

3 位置にキーフレームを設定する

[Producer] プロパティで設定した各
[Position] プロパティのストップウォッチ
アイコンをクリックしてオンにしてキーフ
レームを設定します。

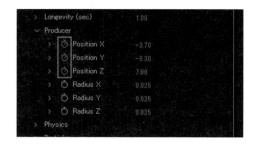

4 エンド位置を設定する

次にパーティクルのエンド位置を設定します。
タイムラインのインジケータを4秒に位置に移動し（❶）、[Producer] の [Position X] を
「0.80」、[Position Y] を「0.40」、[Position Z] を「1.0」に設定しました（❷）。

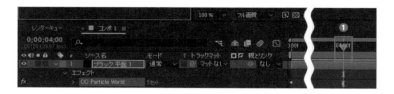

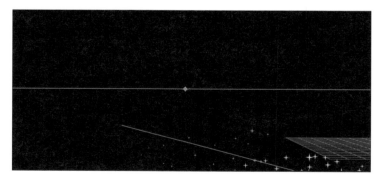

5 中間地点の位置を設定する

スタートとエンドの位置を設定しただけだと直線的な動きになってしまうので、中間地点のパー
ティクルの位置を設定します。タイムラインの時間インジケータを2秒の位置に移動して（❶）、
[Position X] を「0.02」、[Position Y] を「-0.48」に設定します（❷）。[Position Z]
は「4.00」のまま変更しません。

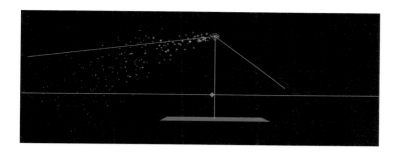

6 値グラフを使って軌跡を調整する

中間地点にキーフレームが作成されるとパーティクルの軌跡が直線的になってしまうので、軌跡を調整します。[グラフエディター]で「値グラフ」を開いて（❶、❷）、CC Particle Wold の[Producer]から[Position Y]を選択してグラフを表示します（❸）。

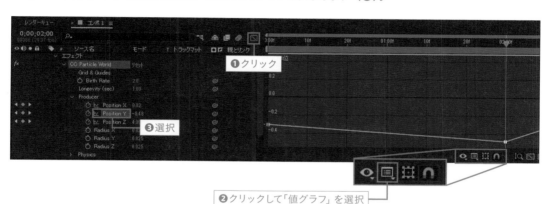

❷クリックして「値グラフ」を選択

7 キーフレームの時間補間法を変更する

グラフ上で中間に作成したキーフレームを選択して右クリックし（❶）、[キーフレーム補間法...]を選択します（❷）。
[キーフレーム補間法]のウィンドウが表示されるので、[時間補間法]を[ベジェ]に切り替えます（❸）。

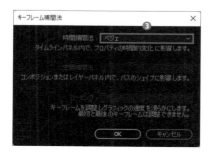

8 グラフの形状を編集する

キーフレームの時間補間法をベジェに変更すると、キーフレームにハンドルが表示されるので、ハンドルをドラッグしてグラフが曲線になるように調整します。中央のキーフレームのハンドルを

調整したら（❶）、開始位置と終了位置にあるキーフレームの時間補間法もベジェに変更し、形状をなるべく滑らかな曲線になるように調整します（❷）。同様に［Position X］のグラフもキーフレームの時間補間法をベジェに切り替えてグラフの形状を整えていきます（❸）。

9 プレビューを見ながら軌跡を修正する

プレビューを再生しながら、パーティクルの軌跡を調整していきます。開始点、中間点、終了点のキーフレームで位置を調整しながら気持ちのよい滑らかな軌跡になるように調整していきます。

パーティクルの拡散具合を調整する

1 パーティクルの広がりを調整する

パーティクルの軌跡が調整できたところで、広がりすぎているパーティクルの拡散状態を調整していきます。パーティクルの広がる角度は、[エフェクトコントロール] パネルで [Physics] の [Velocity] の値を調整して設定します。値が大きくなるとパーティクルの拡散の幅が広くなっていきます。「0」に設定するとほぼ直線になります。作例では「0.2」に設定しました。

 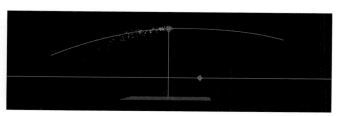

2 パーティクルの長さを調整する

[Physics] にある [Inherit Velocity] の値を調整すると、パーティクルが拡散する尾の長さを調整することができます。値を大きくすると短く、小さくすると長くなっていきます。作例で「-75」に設定し少し長めのパーティクルに設定しました。

 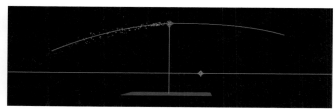

3 パーティクルの量を調整する

パーティクルの拡散幅や、尾の長さを調整していくと、パーティクルの量がスカスカになってしまう場合があります。そのようなときには、[Birth Rate] の値を調整します。作例では「15」に設定しました。

 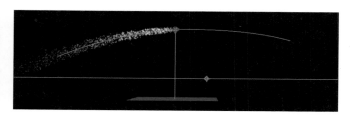

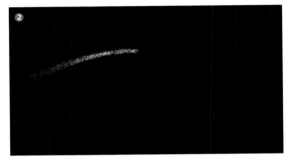

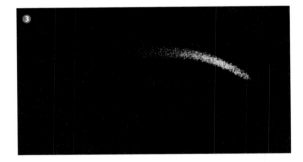

4 プレビューして確認する

プレビューを再生しながら、パーティクルの状態を確認します。だいぶパーティクルの状態が変わりました。

3Dレイヤーを使った
アニメーション作成

After Effectsでは、平面だけではなく奥行きのある
3次元の空間に3Dレイヤーを配置して映像を合成する
ことができます。この章では3Dレイヤーを使った映像
制作を解説します。

01

静止画から
視差のある映像を作成する

ここでは3Dレイヤーを使って静止画から視差のある映像を作成する方法を解説します。
被写体と背景を分離する方法や、フォーカスの調整なども紹介します。

被写体と背景を分離する

1 コンポジションを用意する

ここで使用するコンポジションは解像度を［1920×
1080］pxに設定します。フレームレートは［29.97］
fps、デューレーションは［5］秒、背景色は［ブラック］
に設定しました。

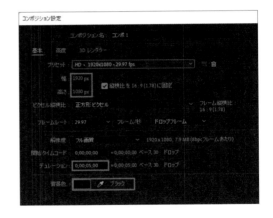

2 フッテージを配置する

プロジェクトにフッテージを読み込み、タイムラインにド
ラッグ＆ドロップして配置します。

使用ファイル：flower01.png

3 レイヤーを複製する

フッテージを配置したレイヤーを選択し、
[Ctrl+D] キーを押して複製します。

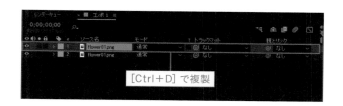

4 [レイヤー] パネルを表示する

複製したレイヤーをダブルクリックして、[レイヤー] パネルに表示します。

5 [ロトブラシツール] を選択する

花のフッテージの [レイヤー] パネルを表
示したら、ツールバーの [ロトブラシツー
ル] を選択します。

6 ロトブラシでペイントする

ロトブラシで切り抜きたい部分の輪郭をペ
イントすると、その内側がマスクされて切
り抜くことができます。
ロトブラシのブラシの大きさは [ブラシ]
パネルの [直径] の値を調整して変更す
ることができます。

ペイントするときのコツは、輪郭の少し内側をペイントしていくと上手くマスクが作成されます。

7 ［コンポジション］パネルでトレースの状態を確かめる

ロトブラシで輪郭をトレースしたら、［コンポジション］パネルを表示し、［タイムライン］パネルで元のフッテージのレイヤーを非表示にし、切り抜かれた状態を確認します。形状によっては、予期しない部分が切り取られてしまう場合もあるので、そのような部分はロトブラシで再度ペイントしていきます。作例では花の中心部分が切り抜かれてしまった状態になっています。

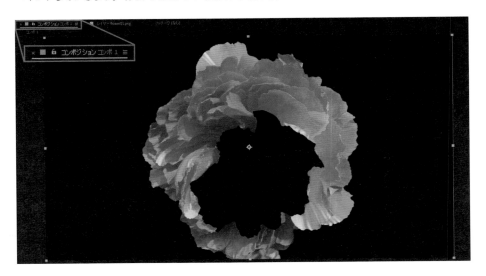

8 ロトブラシで再度レイヤーをペイントする

ロトブラシでペイントしたレイヤーをダブルクリックして［レイヤー］パネルに表示し、意図せず切り抜かれてしまっている部分の輪郭を再びロトブラシを使ってペイントしていきます。

9 切り抜かれていない部分を ロトブラシでペイントする

ロトブラシでペイントして、切り抜きの輪郭がはみ出してしまう場所は、ロトブラシを選択して、[Alt] キーを押しながらペイントしていきます。[Alt] キーを押しながらペイントすると、その部分は切り抜き範囲から排除されます。

除外したいところは [Alt] を押しながらペイント

10 [コンポジット] パネルで切り抜き具合を確認する

花の輪郭に沿って、きちんとピンクのラインが表示されているか、不要な部分が切り抜かれていないかを確認し、[コンポジション] パネルに戻って切り抜かれた状態を確認します。
確認できたら、[タイムライン] パネルで元のレイヤーを表示状態に戻しておきます。

3Dレイヤーに切り替える

1 [タイムライン] パネルにスイッチを表示する

タイムラインに配置したレイヤーを3Dレイヤーに切り替えるために、[タイムライン]パネルの下部にある[スイッチ／モード]をクリックしてタイムラインにスイッチを表示します。

2 レイヤーを3Dレイヤーに切り替える

元のレイヤー（背景用レイヤー）とロトブラシで切り抜いたレイヤーの[3Dレイヤー]スイッチをクリックしてオンにします。

3 [コンポジット] パネルの画面を4分割する

レイヤーを3Dレイヤーに切り替えると、レイヤーを奥行き方向に移動させることでできますが、デフォルトの[コンポジット]パネルの画面では位置を確認しづらいので、画面を4画面に切り替えます。

画面の分割を切り替えるには、[コンポジット]パネルの右下にある[ビューのレイアウトを選択]をクリックして、リストから[4画面]を選択します（❶）。

[4分割]を選択すると[コンポジット]パネルが4分割されます（❷）。画面の左上に表示されているビュー名が3Dシーンを見ている視点の方向です。

以降では、4分割と1分割を、用途により使い分けながら進みましょう。

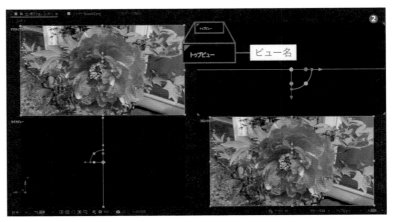

4　3Dレイヤーを操作する

奥行きが分かりやすいように、[コンポジット]パネル右下の[3Dビュー]から[カスタムビュー1]を選びます（❶）。

3Dレイヤーに切り替えたレイヤーは、選択すると、❷のような3D変形ギズモが表示されます。デフォルトでは**ユニバーサルギズモ**になっており、3Dレイヤーの位置、回転、スケール用のギズモが1つにまとまっています。

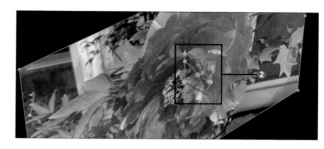

ギズモの種類を変更したい場合は、[選択ツール]をクリックし、右側の[ユニバーサル]、[位置]、[スケール]、[回転]のアイコン（❸）をクリックして切り替えます。

各ギズモによって形状は違いますが**X軸は赤、Y軸は緑、Z軸は青**で表示されます。これらの動かしたい方向の軸をドラッグすれば、[位置]であれば移動、[スケール]であればドラッグした軸の方向へ拡大・縮小、[回転]であればドラッグした軸の方向にレイヤーが回転します。

5 　移動したい3Dレイヤーを選択する

元のレイヤーとロトブラシで切り抜いたレイヤーの視差（遠近感）をつけるために、ロトブラシで切り抜いたレイヤーを移動させます。

レイヤーを移動するには、ロトブラシで切り抜いたレイヤーを選択して（❶）、ギズモを［位置］、もしくは［ユニバーサル］に切り替えます。図では［位置］（❷）に切り替えています。

6 　3Dレイヤーを移動する

レイヤーに表示された移動ギズモの青い軸（Z軸）をドラッグして移動させます。

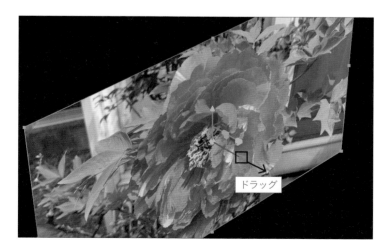

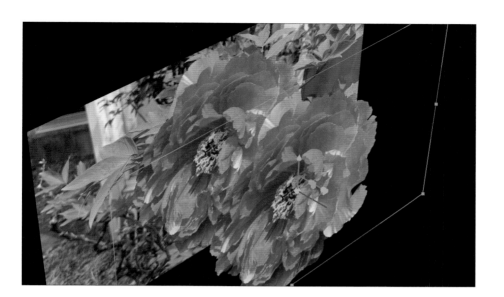

カメラレイヤーを追加する

1 カメラレイヤーを追加する

視点が移動するアニメーションを作成したいので、［レイヤー］メニューの［新規］から［カメラ...］を選択します。

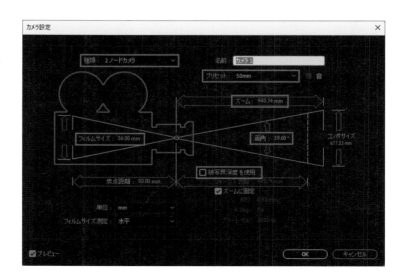

2 カメラレイヤーの設定を行う

カメラレイヤーを作成すると、カメラの設定が表示されます。カメラレイヤーには現実のカメラと同じ機能が備わっています。ここでは、［種類］は「2ノードカメラ」、［プリセット］は「50mm」を選び、［被写体深度を使用］のチェックを外します。カメラレイヤーにある各パラメータを次に簡単に解説しておきます。

［フィルムサイズ］以外のパラメータは連動して値が変化するので、実際には［ズーム］［画角］
［焦点距離］のいずれかを1つを設定します。

▶ ［種類］

「2ノードカメラ」は目標点付きのカメラです。カメラの方向を変更するときには目標点を移動させます。「1ノードカメラ」はカメラだけなので方向を変えるときは［回転ツール］を使用します。

▶ ［フィルムサイズ］

カメラが光を記憶する受光素子の大きさを設定します。値が大きいとフォーカスが合う範囲は狭くなります。

▶ ［プリセット］

よく使用するレンズの焦点距離が用意されています。

▶ ［ズーム］

値を大きくすると望遠レンズ、小さくすると広角レンズになります。

▶ ［画角］

カメラが撮影する範囲を度数で設定します。

▶ ［被写界深度を使用］

フォーカスを調整したい場合にチェックを入れます。グレーアウトして操作できない場合は、P.275の「［ライト透過］について」を参照して、［レンダラー］を［クラシック3D］に変更してください。

3 カメラレイヤーが追加された

［カメラ設定］ウィンドウのOKボタンをクリックすると、［タイムライン］パネルにカメラレイヤー（**①**）が追加されます。

［コンポジション］パネルには、［アクティブカメラ］（カメラ1）（**②**）の画面が作成され、カメラレイヤーのカメラが撮影している映像が表示されます。他の画面には、カメラ（**③**）と目標点（**④**）が追加されています。カメラや目標点を移動させるときは［アクティブカメラ］の映像を見ながら調整していきます。

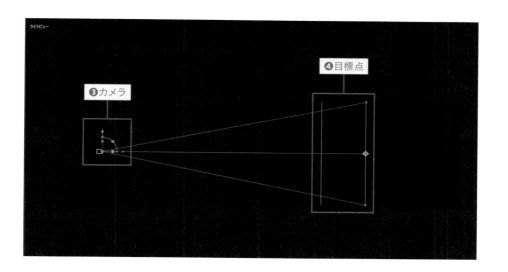

カメラを動かして視差のある映像を作成する

1　3Dレイヤー同士の間隔を調整する

カメラを動かしたときの視差を大きく見せるために、3Dレイヤー同士の間隔を広くします。

ロトブラシで切り抜いたレイヤーを選択して（❶）、カメラ側に移動ギズモのZ軸（青）をドラッグして移動させます（❷）。

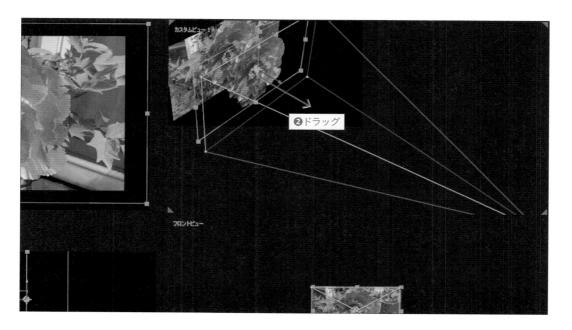

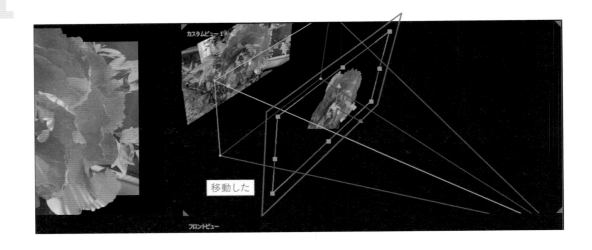

2 花全体がコンポジット内に入るようにカメラの位置を調整する

アクティブカメラの画面を見ると、花がコンポジットの外にはみ出してしまっているので、フロントビューを参考にしながら、カメラ本体を画面上で選択して、移動ギズモのZ軸（青）をドラッグ（❶）して花全体がコンポジット内に収まるように調整します（❷）。

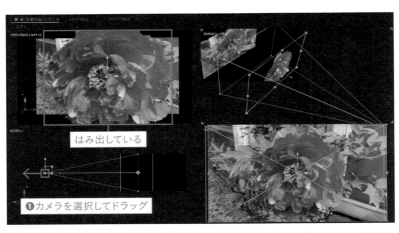

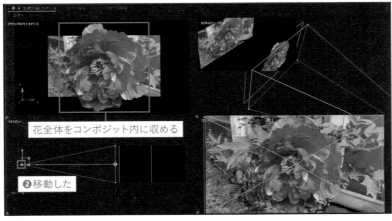

3 背景のレイヤーのサイズを変更する

カメラを移動すると背景用のレイヤーがか
なり小さくなるので、背景用のレイヤーを
選択して、[S] キーを押して [スケール]
プロパティを表示し（**❶**）、アクティブカメ
ラの画面を見ながら画角よりも少し大きく
なるように（**❷**）スケールの値を大きくし
ます。

❶ [スケール] プロパティ

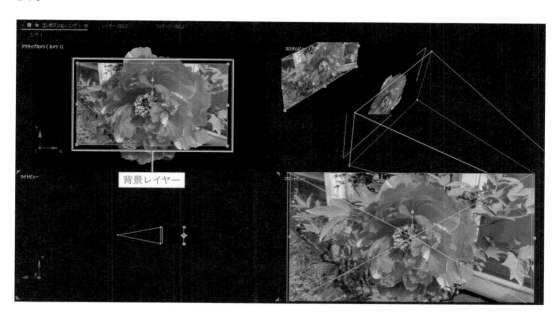

背景レイヤー

❷ コンポジットの範囲より大きくする

4 最終的な位置調整を行う

背景用のレイヤーのサイズを大きくすると、背景用のレイヤーに写っている花が見えてしまう場合があるので、切り抜いたレイヤーの位置をさらにカメラ側に移動して、うまく後ろの花が隠れるように位置関係を調整します。

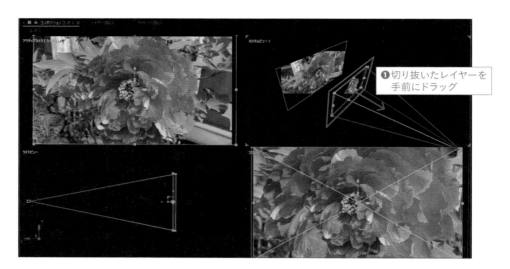

❶切り抜いたレイヤーを手前にドラッグ

❷移動した

5 カメラレイヤーの［位置］プロパティにキーを作成する

タイムラインの時間インジケータを0秒の位置に移動して、カメラレイヤーを展開し、［トランスフォーム］の［位置］プロパティのストップウォッチアイコンをクリックしてキーを作成します。

❶移動

❷クリック

6 カメラを移動させる

タイムラインの時間インジケータを2秒15フレームの位置に移動して、カメラレイヤーの［位置］
プロパティのX座標の値を調整してカメラを移動させます。ここでは「900」に設定しました。
コンポジットの画面に表示されているカメラのアイコンをドラッグしてもカメラの位置を動かすこ
ともできます。カメラに表示されているギズモをドラッグしてしまうと目標点も動いてしまうので
注意します。

7 キーフレームを複製する

アニメーションの終了時には元の位置にカメラを戻しておきたいので、0秒の位置にある［位置］
プロパティのキーを選択して、［Ctrl+C］を押してコピーし、タイムラインの時間インジケータ
を5秒の位置に動かして、［Ctrl+V］でキーをペーストします。

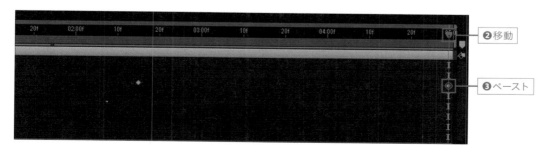

8 プレビューで確認する

［コンポジット］パネルの表示を1画面に戻して、アクティブカメラに切り替えてプレビューして確認すると、1枚の画像から作成した視差のあるアニメーションが作成されます。
花だけが少しずつ右へ移動し、また左へ戻っていくようなアニメーションが確認できます。

パース感のある立体的なテキストを アニメーションさせる

02

ここではテキストを3Dレイヤー化して、厚みを付けたり、立体のテキストに動きを付ける 方法を紹介します。

テキストレイヤーを作成する

1 コンポジションを用意する

ここで使用するコンポジションは解像度を [1920×1080]pxに設定。フレームレートは [29.97] fps、デューレーションは [5] 秒、背景色は [ブラック] に設定しました。

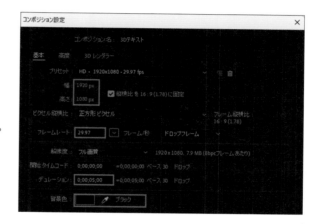

2 テキストレイヤーを作成する

[テキストツール] を選択し（❶）、[コンポジション] パネルをクリックして、テキストを入力します。立体化したいテキストは、なるべく太いフォントを選択するときれいな立体になります。ここでは「游明朝」の「Demibold」をフォントとして選択しています。文字の [サイズ] は「300px」に設定しています（❷）。

3 テキストレイヤーを3Dレイヤーに切り替える

［タイムライン］パネルに追加されたテキストレイヤーの［3Dレイヤー］スウィッチをオンにして、テキストレイヤーを3Dレイヤーに切り替えます。

4 テキストレイヤーのアンカーポイントの位置を変更する

テキストレイヤーはアンカーポイントがテキストの左下に配置されているので、レイヤーの方向などを操作しにくい場合があります。アンカーポイントの位置をテキストレイヤーの中心に移動することで操作しやすいようにします。

アンカーポイントをレイヤーの中心に移動させるには、レイヤーを選択して、［レイヤー］メニューの「トランスフォーム」から「アンカーポイントをレイヤーコンテンツの中央に配置」を選択します。

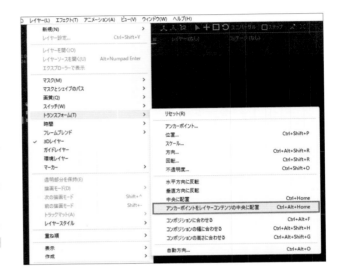

テキストを立体化する

1 テキストレイヤーを回転させる

テキストを立体化する前に、テキストレイヤーを回転させてパース感が強調できるような角度にレイアウトします。テキストレイヤーを選択して、上部の［回転］アイコンをクリック（❶）し、ギズモの軸をドラッグ（❷、❸）して回転させます。

❶選択

❷ドラッグ

❸ドラッグ

形状オプションについて

次の手順で設定する［形状オプション］がグレーになっており右側に［レンダラー変更］という文字が表示されている場合は、［レンダラー変更］をクリックし、［3Dレンダラー］タブで［レンダラー］を［Cinema 4D］に変更してください。
After Effects 2023では、インストール時にオプションを外してしまうとCinema 4D Liteがインストールされません。その場合はAdobe Creative Cloudアプリから、追加インストールをしてください。

2 テキストレイヤーを立体化させる

テキストを立体化するには、［タイムライン］パネルでテキストレイヤーの［形状オプション］プロパティを開きます。

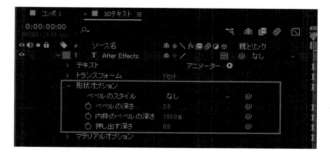

3 厚みの幅を設定する

まず、［押し出す深さ］プロパティの値を大きくしてテキストに厚みを付けます。

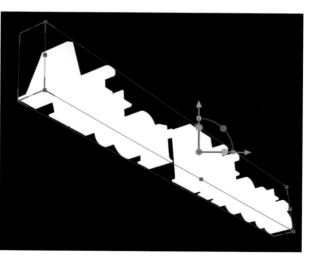

ライトレイヤーを作成して、テキストに陰影をつける

1 ライトレイヤーを作成する

テキストを立体化しても陰影が付いていないので、立体感がありません。陰影を付けるためには、ライトレイヤーを使ってテキストレイヤーに光をあてる必要があります。ライトレイヤーを作成するには、[レイヤー]メニューの［新規］から［ライト...]を選択します。

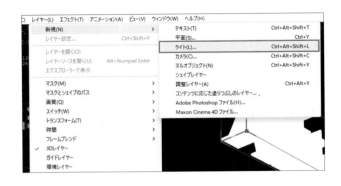

2 ライトの設定を行う

ライトレイヤーの設定が表示されるので、ライトの設定をします。
作例では［ライトの種類］は「平行」、［カラー］はRGB値で「R:230、G：230、B：230」のグレーがかった白、［強度］は「100」、［フォールオフ］は「なし」、［シャドウを落とす］にチェックを入れて、[シャドウの暗さ］は「100」に設定しました。

3 テキストに陰影が付いた

ライトレイヤーの設定画面で［OK］ボタンをクリックすると、立体化したテキストに陰影が付き形状が確認しやすくなりました。

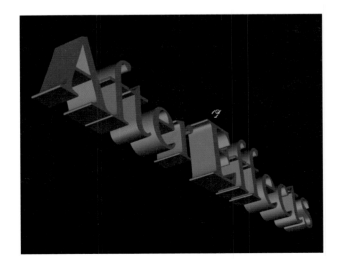

4 ベベルの形状を変更する

立体化されたテキストの形状が確認しやすくなったところで、ベベル（立体の角の部分）の形状を変更していきます。
形状を変更するには、テキストレイヤーの［形状オプション］にある［ベベルのスタイル］で変更します。［なし］をクリックすると、［なし］の他に［角形］、［凹型］、［凸型］があるのでデザインに応じて選択します。ここでは［角形］にします。

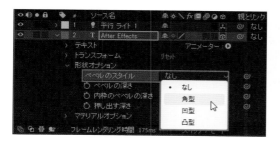

［角形］

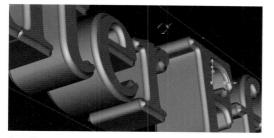

［凹型］

［凸型］

5 ベベルの状態を変更する

［形状オプション］には、［ベベルのスタイル］の他にもプロパティが用意されています。
［ベベルの深さ］は作成されるベベルの幅を設定します。［内枠のベベルの深さ］はAやeのような文字の穴部分の輪郭につくベベルの幅を設定し、100%で［ベベルの深さ］と同じ幅になります。
図は、［ベベルのスタイル］を「角形」に設定し、［ベベルの深さ］を「7.3」、［内枠のベベルの深さ］を「100％」、［押し出す深さ］を「100」に設定した状態です。

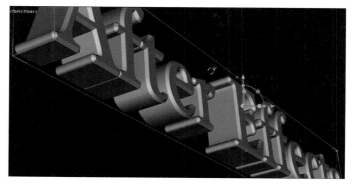

テキストに光沢を設定する

1 [マテリアルオプション]を設定する

3Dレイヤーには質感を設定することもできます。3Dレイヤーの質感を設定するには、3Dレイヤーの［マテリアルオプション］プロパティで設定します。

2 [拡散]で色の拡散量を調整する

まず、［拡散］の値を調整していきます。［拡散］は3Dレイヤーの色がどれぐらいの強さで表示されるかを設定するプロパティです。テキストレイヤーであれば、文字色がどれぐらい強さで表示されるのかを設定します。 図は［拡散］を「50」と「100」にした状態です。

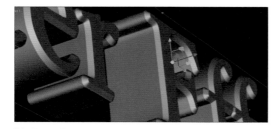

[拡散：50]

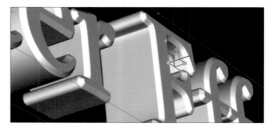

[拡散：100]

3 [鏡面強度]でハイライトの強さを調整する

［鏡面強度］は、3Dレイヤーに光が反射したときに発生するハイライトの強さを設定します。ベベルの部分を強調したいような場合に値を大きくするとよいでしょう。
図は［拡散］を「100」の状態で、［鏡面強度］を「0」と「100」にした状態です。

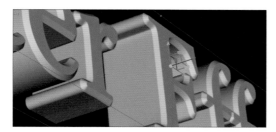

[鏡面強度：0]

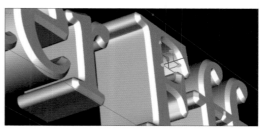

[鏡面強度：100]

4 [鏡面光沢] で色の拡散量を調整する

[鏡面光沢] の値は、3Dレイヤーに光が当たって発生するハイライトの広がり具合について設定します。[鏡面光沢] の値が大きくなるとハイライトがくっきりとしてきて光沢感が強調され、値を小さくすると、ハイライトが拡がっていき光沢感がなくなっていきます。
図は [鏡面光沢] の値を「10」と「50」に設定した状態です。

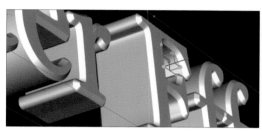

[鏡面光沢：10]

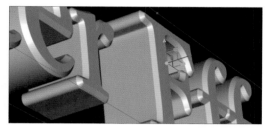

[鏡面光沢：50]

テキストに映り込みを設定する

1 映り込み用のレイヤーを作成する

3Dレイヤーには、他のレイヤーを写り込ませることができます。最初に写り込ませたいレイヤーをタイムラインに配置します。
ここでは [拡散]、[鏡面強度]、[鏡面光沢] はいずれも「100」に設定しています。

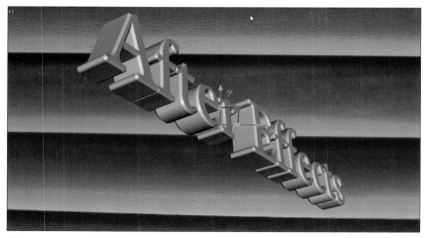

使用ファイル：DSCF2056.jpg

2 環境レイヤーを設定する

映り込み用のレイヤーを配置したら、その
レイヤーを選択して、[レイヤー] メニュー
から［環境レイヤー］を選択します。

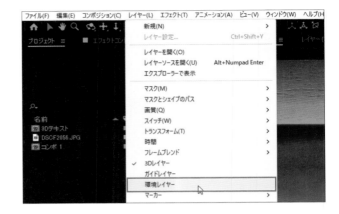

3 ［反射強度］を調整する

映り込み用のレイヤーを環境レイヤーに設
定すると、レイヤーに環境レイヤーのアイ
コンが表示され、レイヤー自体は非表示に
なります。

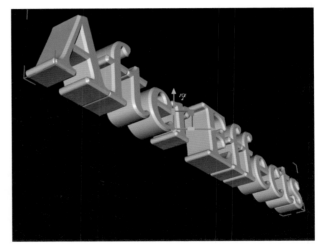

この状態だとテキストレイヤーに変化はあ
りませんが、テキストレイヤーの［反射強
度］の値を上げていくとテキストレイヤー
に環境レイヤーに設定したレイヤーの映像
が映り込んできます。図の状態は、［反射
内に表示］を「オン」にして、［反射強度］
を「100」に設定した状態です。

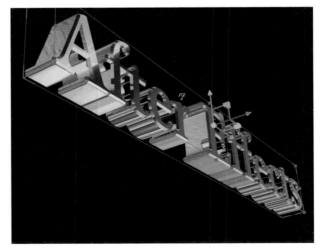

4 反射の品質を調整する

テキストに写り込んでいる映像の品質はデフォルトの状態ではあまり高くないので、ギザギザとしたジャギーが表示されてあまり見栄えがよくありません。

きれいな映り込みを表示したい場合は、［コンポジット］パネルの下部にあるレンダラーの切り替え（図では「Cinema4D」となっている部分）をクリックして、「レンダラーオプション」を選択します（❶）。

「Cinema4Dレンダラーオプション」の画面が表示されるので、［品質］の値を「80」に設定します（❷）。

❸は「品質」を「25」、❹は「80」に設定した状態です。

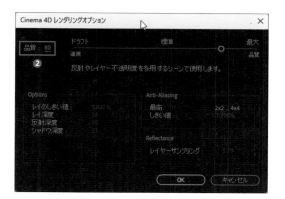

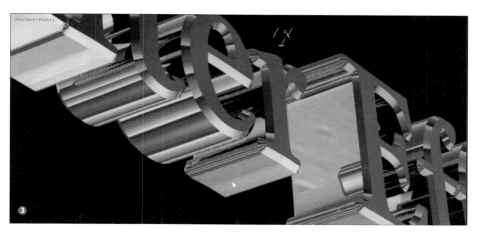

5 反射のボケ具合を調整する

テキストに写り込んだ映像のボケ具合
を調整して、より見やすい映り込み表
現にすることもできます。映り込みをぼ
かすには、[反射シャープネス]の値
を調整します（①）。

②は[反射シャープネス]の値を
「100」、③は「10」に設定した状態です。ここでは「10」で進めます。

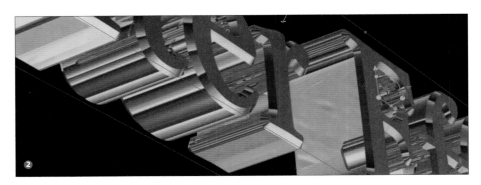

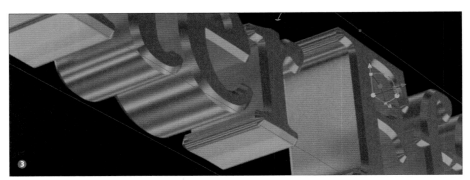

テキストをアニメーションさせる

1 軸の座標を切り替える

最後に立体化したテキストレイヤーを回転させて、映り込みの具合を確認してみます。

立体化したテキストレイヤーを選択して、
[回転ツール]に切り替え（①）、テキスト
レイヤー自体の軸を使って回転させたいの
で軸を[ローカル軸モード]（②）にします。

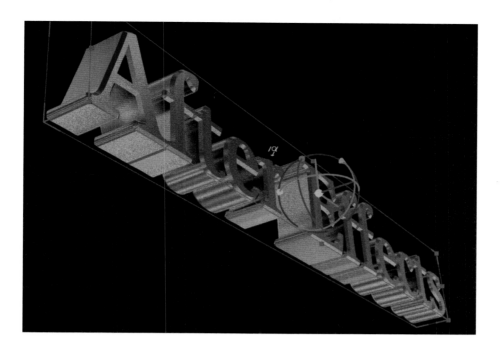

2 [回転] にキーを作成する

[タイムライン] パネルの時間インジケータを0秒に移動して（❶）、テキストレイヤーの [トランスフォーム] で [回転]プロパティの [Y回転] のストップウォッチアイコン（❷）をクリックしてキーを作成します。

3 テキストレイヤーを一回転させる

次にテキストレイヤーを1回転させたいので、[タイムライン] パネルの時間インジケータを5秒に移動して（❶）、テキストレイヤーの [トランスフォーム] で [回転] プロパティの [Y回転]の値を「1×00」に設定します（❷）。

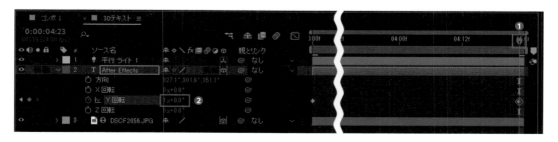

4 プレビューで確認する

プレビューの再生ボタンをクリックしてアニメーションを再生すると、テキストレイヤーの回転に合わせて写り込みの状態も変化することがわかります。このようにテキストレイヤーは3DCGツールを利用しなくても簡単に奥行きを持ったテキストアニメーションを作成することができます。

［品質］（P.267で設定）の値が高いと、環境によってはプレビューにかなり時間がかかったり、プレビューできないことがあります。そのような場合は［品質］の値を調整してみましょう。

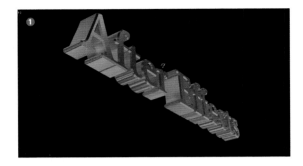

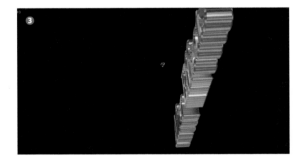

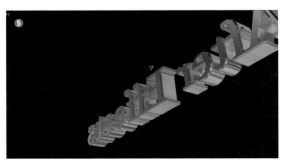

ステンドグラスを作成する

03

ここでは3Dレイヤーとライトレイヤーを組み合わせて、ステンドグラスのように3Dレイヤーを光が透過する効果を作成します。

3Dレイヤーを組み合わせる

1 コンポジションを用意する

ここで使用するコンポジションは解像度を
[1920×1080]pxに設定。フレームレートは [29.97] fps、デューレーションは [5]
秒、背景色は [ブラック] に設定しました。

2 ステンドグラス用フッテージを用意する

まず、ステンドグラス用のフッテージを
After Effectsに読み込んでタイムラインにドラッグ＆ドロップして配置します。

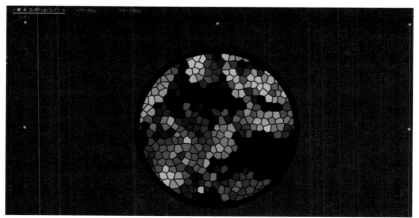

使用ファイル：
stained_grass.png

3 光を受けるための平面レイヤーを用意する

次にステンドグラスからの光を受けるための平面レイヤーを作成します。[レイヤー] メニューの [新規] から [平面...] を選択し（❶）、背景色が白の平面レイヤーを作成します（❷）。

4 レイヤーを 3Dレイヤーに変換する

タイムラインに配置した2つのフッテージのレイヤーをそれぞれ3Dレイヤーに変換します。

5 平面レイヤーを 回転させる

平面レイヤーの [回転] プロパティの [X回転] に「0x+90」と入力して、平面レイヤーを回転させます。図では、奥行きが分かりやすいように、[コンポジット] パネル右下の [3Dビュー] から [カスタムビュー 1] を選んでいます（P.249参照）。

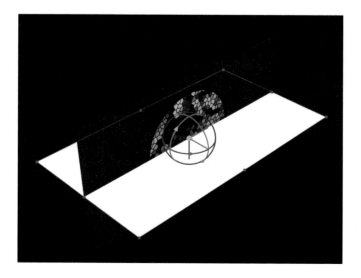

6 平面レイヤーを移動させる

平面レイヤーを選択し、上部で［位置］
アイコンを選択します。そしてギズモを使っ
て移動しL字に2つのレイヤーを組み合わ
せます。

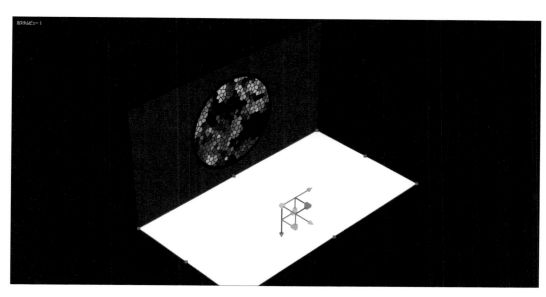

ライトレイヤーを追加する

1 ライトレイヤーを作成する

［レイヤー］メニューの［新規］から［ライト...］を選択します（❶）。
［ライト設定］のウィンドウが表示されたら、［ライトの種類］を「平
行」、［カラー］を「白」、［強度］を「200」、［フォールオフ］は「な
し」、［シャドウを落とす］にチェックを入れて、［シャドウの暗さ］は
「100」に設定します（❷）。

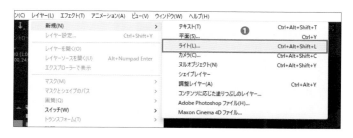

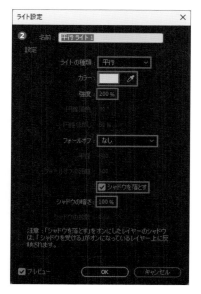

ステンドグラスを作成する

2 ライトレイヤーの位置を調整する

[ライト設定] ウィンドウの [OK] ボタンをクリックすると❶のようにライトレイヤーが追加され
ます。ステンドグラス用のレイヤーの背後から、光を受けるレイヤーに光を照射できるように、
まず [位置] ギズモを使ってステンドグラス用のレイヤーの背後までライトを移動させ（❷）、
ライトの目標点をドラッグして、ライトの方向を変更します（❸）。

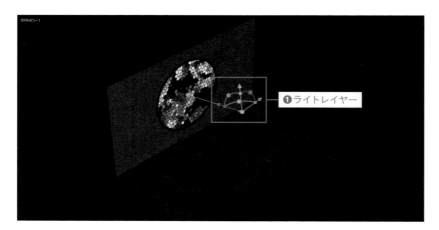

❶ライトレイヤー

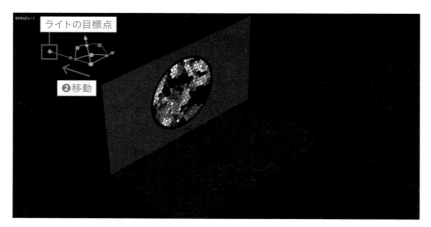

ライトの目標点

❷移動

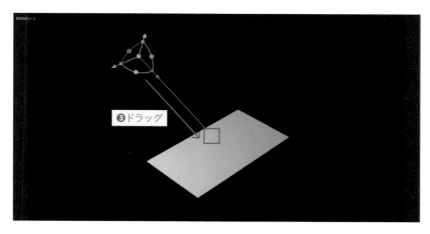

❸ドラッグ

レイヤーで光を透過させる

1 マテリアルを設定する

ステンドグラス用のレイヤーを選択して、
[マテリアルオプション] プロパティを表示
します。

2 シャドウを設定する

デフォルトでは、レイヤーの影を他のレイ
ヤーに落とす設定になっていないので、
[シャドウを落とす] を「オン」に設定します。
オンに設定すると図のようにステンドグラス
用のレイヤーの影が、平面レイヤー全体に
落ちるため暗くなります。

[ライト透過] について

次の手順で設定する [ライト透過] が表
示されない場合は、[コンポジション] メ
ニューから [コンポジット設定] を開き、
[3Dレンダラー] タブで [レンダラー] を
[クラシック3D] に変更してください。

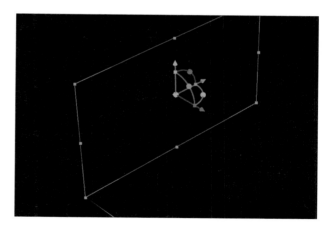

3 透過を設定する

光を透過させたいので、[ライト透過] の
値を「80」に設定します。すると、平面
レイヤーにステンドグラス用のレイヤーを映
像が80%の強度で投影されます。ステン
ドグラス用のレイヤーだけを明るくしたい
場合は、[拡散] の値を「100」に設定
します。

4 ライトの位置を調整する

平面レイヤーに投影されている映像が切れてしまっているので、ライトの目標点をドラッグして、全体が入るように調整します。ここでは［コンポジット］パネルを4画面に切り替えて作業しています。

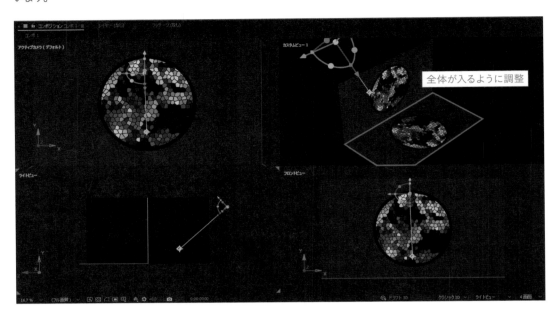

カメラレイヤーやエフェクトを追加して仕上げをする

1 カメラレイヤーを追加する

コンポジションのレイアウトを整えるため、［レイヤー］メニューの［新規］から［カメラ...］を選択してカメラレイヤーを追加します（❶）。
ここでは、［種類］は「2ノードカメラ」にし、［焦点距離］を「35mm」に設定します（❷）。

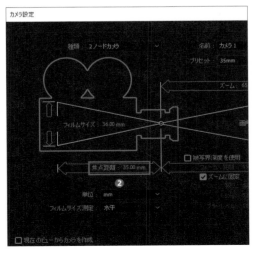

2　カメラの位置を調整する

左上に［アクティブカメラ（カメラ1）］の画面が表示されるので、カメラを移動しレイアウトを整えていきます。ここでは、カメラのY位置は下方向に、Z位置は前方に動かして平面レイヤーが見えるようにしました。目標点は少し上に向けました。

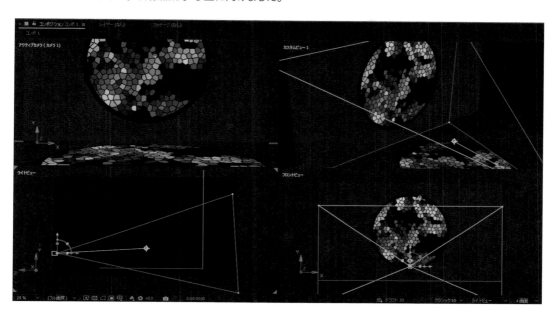

3　被写界深度を調整する

コンポジションの手前から奥までフォーカスが合っていると遠近感が薄らぐので、カメラレイヤーの被写界深度の機能を使って画面の手前だけがボケているような画作りをしていきます。

カメラレイヤーをダブルクリックして、［カメラ設定］ウィンドウを表示し、［被写界深度を使用］にチェックを入れます。［ズームに固定］にチェックが入っていると、［フォーカス距離］の値を調整すると焦点距離の値が変化してしまうのでオフにしておきます。
また、［F-Stop］の値を小さくするとボケる奥行き範囲を調整できます。図では「1.0」に設定しています。

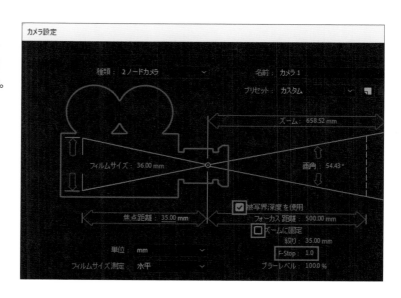

最後に［コンポジション］パネルに表示される映像を見ながら、［フォーカス距離］の値を調整して、フォーカスが合う位置を設定します。

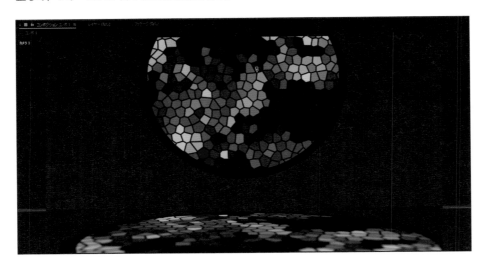

4 ［グロー］エフェクトで光の感じを強調する

最後に、ステンドグラス用のレイヤーを選択して、「エフェクト」メニューから「スタイライズ→グロー」を選択して［グロー］エフェクトを適用して光の雰囲気を出していきます。ここでは［グローしきい値］を「51%」、［グロー半径］を「166%」、［グロー強度］を「2.4」に設定しました。

作例ではステンドグラス用のレイヤー全体が光を透過していますが、トラックマットを利用して、円形部分だけを透過させたりといった工夫も考えられるので色々と試してみるとよいでしょう。

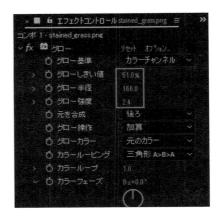

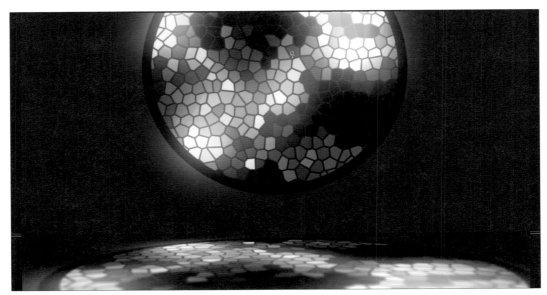

04

After EffectsとPhotoshopで
カメラマップの効果を作成する

3次元のシーンに立体的に配置された平面に映像を投影して、擬似的な立体的な背景を
作成し、奥行き感や視差のあるカメラワークを実現するカメラマップの効果を作成してい
きます。

Photoshopで［消点］機能を使用する

1 カメラマップで使用したい写真を Photoshopで開く

カメラマップに使用したい写真データを
Photoshopで開きます。この作例では図
のような建物の写真にカメラワークをつけ
るため［消点］フィルターを使ってパース
を分析し、After Effectsの3Dレイヤー
とカメラレイヤーを作成します。

2 ［消点］フィルターを使用する

次に［フィルター］メニューから［消点...］
を選択します。

3 ［消点］ウィンドウが表示される

［消点］フィルターを選択すると、［消点］
ウィンドウが表示されます。

4 [面作成ツール] を選択する

最初に [面作成ツール]（❶）を使って、写真に写っている壁などの遠近がわかる面を指定していきます。遠近面は、[面作成ツール] を選択し、遠近感のわかる面の四隅をクリックして4つのコーナーで指定していきます。まずは窓の上部の領域に面を作成していきます（❷）。

❷ここに面を作成していく

5 遠近面を設定していく

面を設定していくにはどのライン同士が実際には平行になっているのかを考えながら、[面作成ツール] で四隅をクリックしながら設定していきます。正確にパースが分析されていれば面のグリッドが青くなります。赤い場合はキチンと分析されていない場合なので、青くなるようにコーナーをドラッグして位置を調整します。

6 面の辺を延長する

作成した面の左の部分が足りていないので、面の左の辺の中央にある四角を水平方向左にドラッグして延長します。

7 下方向へも面を延長する

次に垂直方向へも面を延長します。水平方向へ延長したのと同様に、面の下部の中央にある四角をドラッグして延長します。画像の外まで延長しないといけない場合は、[ズームツール]を選択して[Alt]キーを押しながら画面をクリックして表示を縮小して作業します。

8 折れ曲がっている部分の面を作成する

レンガの壁部分のように折れ曲がっている面は、面の右側の辺の中央にある四角を、[Ctrl]
キーを押しながらドラッグします。ドラッグすると、パースにあわせて面を折り曲げた状態で作
成することができます

[Ctrl] キーを
押しながらドラッグ

9 さらに右側の部分の壁に面を延長する

右側のレンガの壁部分にも面を作成してい
きます。この部分も面の左側の中央の四角
を、[Ctrl] キーを押しながらドラッグして
延長します。

[Ctrl] キーを押しながらドラッグ

10 操作を繰り返しながら、全体の面を作成していく

ここまでと同じ要領で操作を繰り返しながら、面が作成されていない壁の部分にも面を作成していきます。もし、パースが合わなかったり、面を取る部分を間違えた場合は面を選択して［BackSpace］（［delete]）キーを押せば、その面を削除することができます。

11 After Effectsで読み込められるように出力する

面がすべて作成できたら、［消点］ウィンドウの右上にある［消点の設定とコマンド］の部分をクリックして、「AfterEffects用に書き出し（.vpe)...」を選択します。

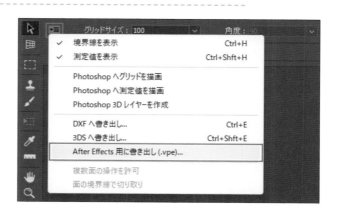

12 vpeファイルを保存する

[vpeを書き出し］ウィンドウが表示されるので、保存先とファイル名を指定して、[保存］ボタンをクリックします。

13 vpeファイルが出力された

vpeファイルを書き出したフォルダを開くと、消点情報の入ったvpeファイルの他に3Dレイヤーとして使用するpngファイル、3次元データの3dsファイルが出力されています。

After Effectsにvpeファイルを読み込む

1 vpeファイルを After Effectsに読み込む

Photoshopからvpeファイルを書き出したらAfter Effectsに読み込みます。読み込むときは、プロジェクトを作成しておき[ファイル］メニューの［読み込み］から[Vanishing Point(.vpe)...]を選択します。
選択するとファイルを選択するウィンドウが表示されるので、書き出したvpeファイルを選択して、[OK]（[開く]）ボタンをクリックします。

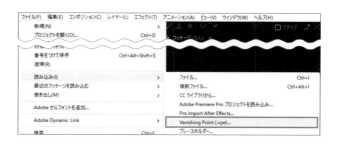

2 vpeファイルのコンポジットが プロジェクトに追加される

vpeファイルを読み込むと、読み込んだ vpeファイルの名前が付いたコンポジット と、面に投影された状態を画像化したファイルが追加されます。

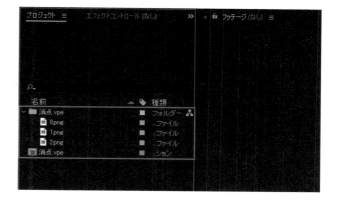

3 vpeのコンポジットを開く

[プロジェクト] パネルでvpeの [コンポジット] パネルをダブルクリックするとコンポジットが表示されます。また、タイムラインには、面に投影されたフッテージがそれぞれ3Dレイヤーとして配置されており、画像から解析されたカメラの状態に設定されたカメラレイヤーも配置されています。

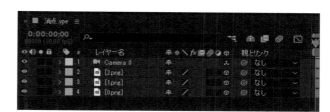

レイヤーの余分な部分を切り抜く

1 加工したいレイヤーを [レイヤー] パネルで表示する

コンポジットに配置された3Dレイヤーを見ると、背景の画像が残ってしまっている部分があります。そのような部分はベジェマスクを使って切り抜きます。

まずは、加工したい3Dレイヤーをダブルクリックして [レイヤー] パネルに表示します。

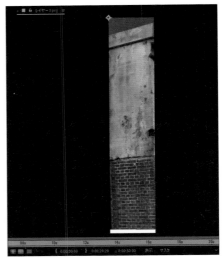

2 [ペンツール] でマスクしたい部分を囲む

[レイヤー] パネルを表示した状態で、[ペンツール] を選択し（❶）、残したい部分の形状に合わせてベジェマスクを作成していきます（❷）。

286

3 ［コンポジション］パネルで確認する

［コンポジション］パネルを表示すると不要な部分が切り抜かれているのがわかります。

4 他の3Dレイヤーも加工していく

他の3Dレイヤーも同様に不要な部分が残ってしまっている部分があれば、それぞれのレイヤーを、ベジェマスクを使って加工していきます。

5 背景のレイヤーを配置する

3Dレイヤーの加工が終わったら、背景がない状態なので、背景のレイヤーを配置します。ここでは空の背景（使用ファイル：IMG_2392.jpg）を配置しました。背景のレイヤーはあまりパースの変化はないので2Dレイヤーのままにしておきます。

カメラに動きをつける

1 カメラの位置を確認する

カメラに動きを付けて、カメラマップの効果を確認します。まずは、コンポジットを4画面に切り替えてカメラと3Dレイヤーの位置関係を確認しておきます。

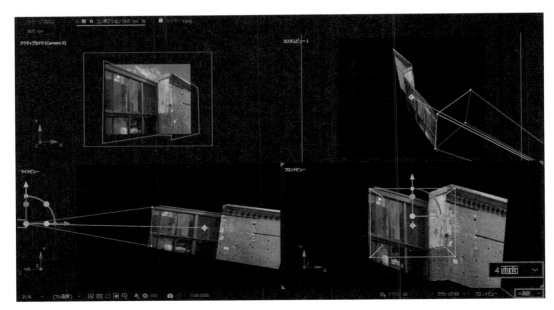

2 カメラの位置を確認する

カメラと3Dレイヤーの配置が
確認できたら1画面に戻して
アクティブカメラを表示します。
ここからカメラに動きをつけて
いきます。
［消点］フィルターを使って作
成したカメラマップにカメラの
動きを付ける場合のコツは、
カメラレイヤーの目標点は動
かさずに、カメラだけにアニ
メーションを作成していきます。
また、大きく動かすとレイヤーの
画像の歪みがバレてしまうの
でバレない範囲で動かします。

3 ［位置］にキーを作成する

タイムラインの時間インジケータを0秒に
移動して、カメラレイヤーの［トランス
フォーム］プロパティグループを展開し、
［位置］プロパティのストップウォッチアイ
コンをクリックしてキーを作成します。

4 カメラをパンさせる

次にタイムラインの時間インジケータを5秒に移動して、［位置］プロパティのX位置の値だけ
変更します。

5 プレビューで動きを確認する

カメラの動きが設定できたら、プレビューで再生して動きを確認します。カメラマップの手法を
使うと、このように2次元の素材であってもあたかも立体の造形のようにある程度見せることが
できます。

コンポジットをHDフォーマットの比率に切りとる

1 新しくコンポジットを作成する

作成されたアニメーションはHDの16：9の画面比率になっていないので、16：9に切り取り
ます。まずは［コンポジット］メニューの［新規コンポジション］を選択し、16：9の比率の
新しいコンポジットを作成します。

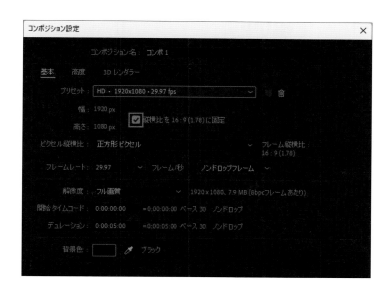

2 新しいコンポジットにvepのコンポジションを配置する

作成したコンポジットが表示されたら、コ
ンポジットのタイムラインに、アニメーショ
ンを作成したvepファイルをドラッグ＆ド
ロップして配置します。

3 スケールと位置を調整する

タイムラインに配置したら、vpeのレイヤー
を展開して、[トランスフォーム] の [位置]
と [スケール] を調整して、レイアウトを
調整します。

| **After EffectsとPhotoshopでカメラマップの効果を作成する**

4 プレビューで確認する

最後にプレビューを再生して確認します。
Photoshopの［消点］フィルターを使ったカ
メラマップの作成は、画像の内容によって精度
が変わってきます。なるべくパースがはっきりし
ていて、面の構成がはっきりしているような画
像を用いると上手くいきます。広角レンズを
使って撮影された写真や、壁が湾曲しているよ
うな状態では、うまく遠近面を構成できないこ
とが多いです。
Photoshopの［消失］フィルターでは、複
数の面の構成が重なってしまっていたり、パー
スの分析が失敗しているような3Dレイヤーとし
て成立できないような面を構成してしまうと、
［After Effects用に書き出し］のコマンドが
グレーになって書き出せません。ですので、面
の作成や編集をするたびに、［AfterEffects
用に書き出し］のコマンドがグレーになってい
ないかどうか確かめながら作業していくとよい
でしょう。

■著者プロフィール

大河原 浩一（おおかわら ひろかず）

デジタル・アーティスト／東京アニメーションカレッジ専門学校　非常勤講師／
LinkedInラーニング　インストラクター。ゲームや映画、アニメなどの3DCG
アセット制作やコンポジットに従事するほか、多くの映像や3DCG系ツールの
チュートリアル書籍の執筆や映像系専門学校などでの講師として活躍中。代表書
籍に『After Effects マスターブック』（マイナビ出版）、『After Effects標準エ
フェクト全解』（BNN）、『すぐに使えるPremiere Elements』（マイナビ出版）な
どがある。

■STAFF
ブックデザイン：霜崎 綾子
カバーイラスト：docco
DTP：AP_Planning
編集：伊佐 知子

すぐに使えるAfter Effects [CC対応]

2023年3月28日　初版第1刷発行

著者　　　　大河原 浩一
発行者　　　角竹 輝紀
発行所　　　株式会社 マイナビ出版
　　　　　　〒101-0003　東京都千代田区一ツ橋2-6-3　一ツ橋ビル2F
　　　　　　TEL：0480-38-6872（注文専用ダイヤル）
　　　　　　TEL：03-3556-2731（販売）
　　　　　　TEL：03-3556-2736（編集）
　　　　　　E-Mail：pc-books@mynavi.jp
　　　　　　URL：https://book.mynavi.jp
印刷・製本　　　株式会社 ルナテック